U0141218

漫畫科普 5

冷知識王

世界其實很簡單
生活原來那麼好玩！

椿象
臭
茄十二星瓢蟲
這麼乾的草，
一點水分都沒有。
小食蟻獸 Lv.13
跳跳兔 Lv.17
34/34
野生的小食蟻獸出現了！
▶狹路相逢……
他在用我的毛刷牙。
孔洞較多
作戰開始。
收到。
▶奈米機器人可充當人體的免疫系統
臉盲患者視角
普通人視角
一起學冷知識！
請不要吃我……
我都是骨頭不好吃！
白居易（喵）
詩魔
腳踏金玉
我們最喜歡——
髒毛巾。
李賀（呱）
詩鬼
很厲害嗎？
▶短毛貓掉毛量比長毛貓的還要多

目錄 CONTENTS

第一章 包羅萬象

第二章 五花八門

第三章 撥開迷霧

目錄 CONTENTS

第四章 追根究柢

第五章 神祕莫測

課堂作業

賽卡洛吉島樹林

你在做什麼？
玩黏土啊。

好安靜的嗜好……
你還是跟我一起去做
冷知識的作業吧。
什麼作業?

走吧，他是
負責帶路的
幹嘛鴉。
喂！
我還沒答
應你，別
擅自做決
定啊！

第一章
包羅萬象

世界真奇妙，就像我跟你一樣。

1. 原來牙齒是刷不白的

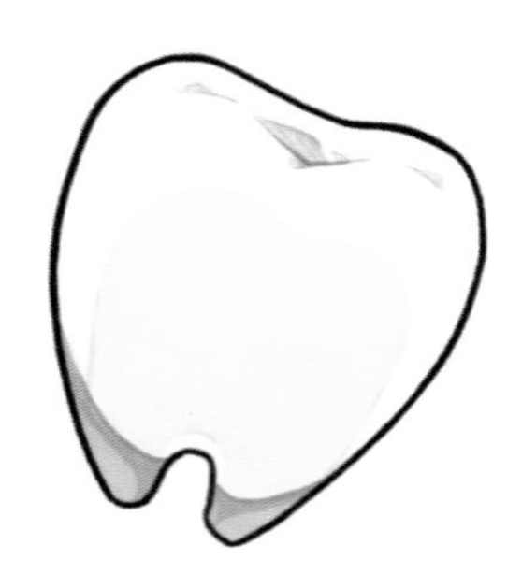

牙齒（牙冠）由外到內的結構分別是：
琺瑯質、牙本質和牙髓腔這三個部分。

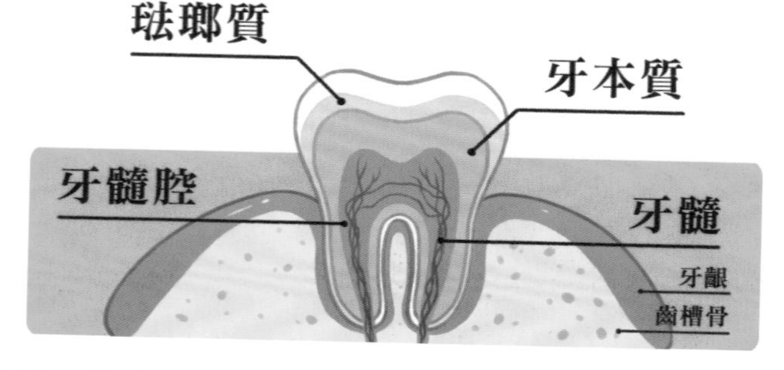

最外層的琺瑯質在發育良好的情況下應該是半透明的，
琺瑯質下面的牙本質則是淡黃色的。

所以，健康牙齒的顏色應該是牙本質透過琺瑯質呈現出的淡黃色。

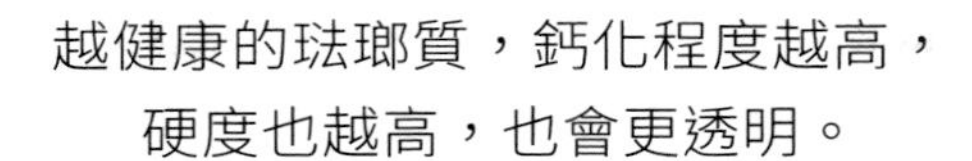

越健康的珐瑯質，鈣化程度越高，
硬度也越高，也會更透明。

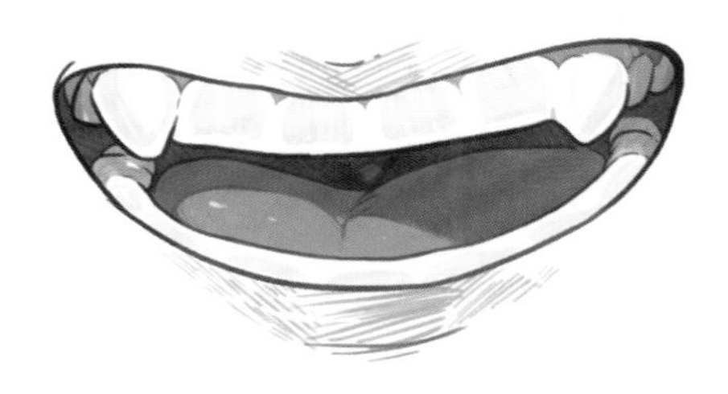

如果珐瑯質發育得不好，鈣化程度不高，
牙齒就會呈現白色或乳白色，沒那麼透明。

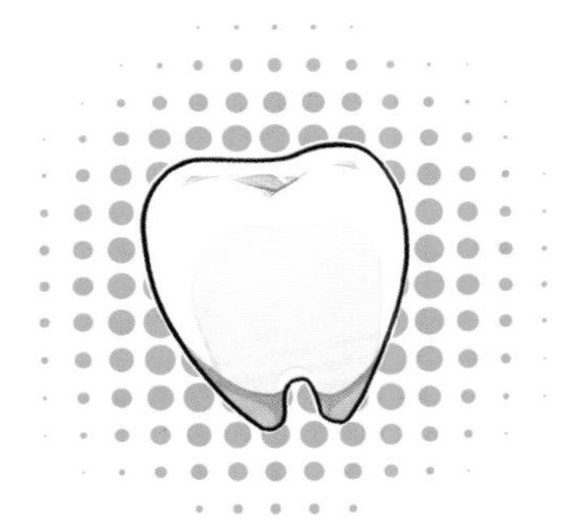

健康的淡黃色

如果牙齒突然變黃、變黑，
或有其他的不良症狀，必須及時到醫院就診喔。

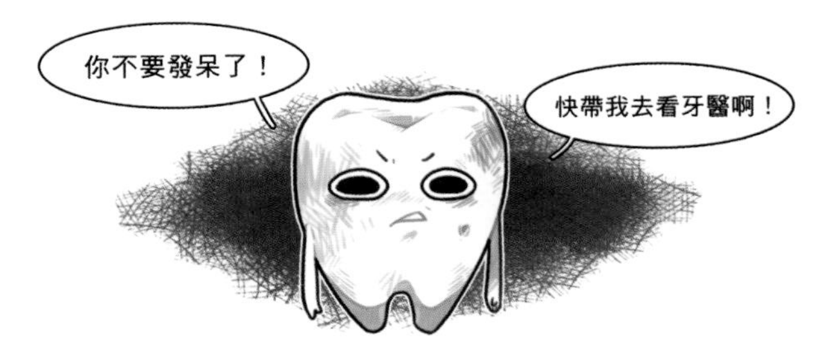

①用舌尖舔上門牙內側，再舔下門牙內側，你會發現上門牙內側是凹進去的，而下門牙內側則是平的，上門牙稱為鏟形門齒，是絕大部分東亞人的特徵。

②科學家透過研究化石證明，牙齒最早出現在4億年前的有頜類動物身上，牠們是脊椎動物的其中一種。

2. 我們的耳朵一生都在生長

英國皇家全科醫師學會的一項研究發現，
人的耳朵從未停止生長。

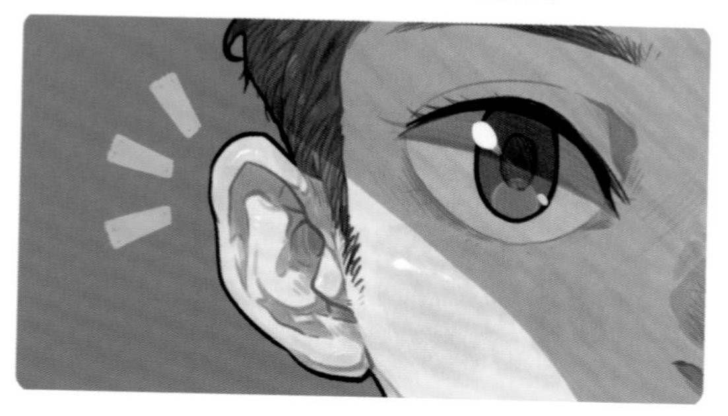

人的耳朵一生都在生長

準確地說，是外耳在不斷生長。
外耳是耳朵在體外可見的部分，由纖維軟骨、脂肪、結締組織構成。

耳朵每年約生長0.22公厘

在 10 歲以前，人類耳朵生長迅速。
10 歲以後，耳朵生長速度放慢，每年大約長出 0.22 公厘。

難怪長壽老人的耳朵看起來會比一般人的大。

這項研究還顯示，一般情況下，男性的耳垂會比女性的長。

①研究發現當音量超過 100 分貝時，可能會對我們的聽力造成不可恢復的損傷。如果每天戴著耳機連續聽音樂超過兩小時，聽力會嚴重受損。

②人類和其他動物一樣，耳後有一塊動耳肌，在神經支配下可以活動。只不過，有的人動耳肌退化了，耳朵就不會動；而有的人動耳肌沒退化，所以耳朵會動。

3. 長得像棉花糖的兔子——安哥拉兔

安哥拉兔是一種長毛兔，
全身除了臉部一小塊無毛外，其他部分都長滿細長的毛，
看起來就像是一坨棉花糖。

由於毛髮蓬鬆，安哥拉兔看起來很巨大，
但實際上，牠只有 2 ～ 3 公斤的重量。

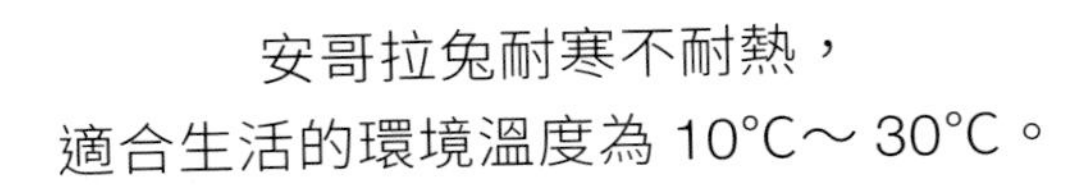

安哥拉兔耐寒不耐熱，
適合生活的環境溫度為 10°C～ 30°C。

牠們性格溫順黏人，毛色多樣，
常見顏色有白、黑、灰、金黃、藍、深褐色等。

兔絨紡織原料

安哥拉兔毛還是一種高級紡織原料，
可以製成高品質、獨特的兔絨紡織品。

①安哥拉兔在 18 世紀中期被法國王室當作寵物飼養，後來風行歐洲。

②安哥拉兔的嗅覺特別靈敏，在兔子中屬於智商較高的品種。

4. 北極狐可以變換毛色？

一般印象中，北極狐有一身雪白的皮毛，
非常符合北極地區動物的外貌特徵。

北極狐的皮毛顏色是隨季節變換的。
在冬季，是一身純白色毛皮，僅無毛的鼻尖和尾巴尖呈黑色。

在春季至夏季期間，體毛會逐漸變為青灰色，進入夏季則變為灰黑色。

而剛出生的年幼北極狐體毛是棕灰色的，
直到迎來「狐生」的第一個冬天，
才會變成全身雪白的樣子。

但是，並非所有北極狐都能換毛色。
北極狐有四個亞種，按毛色可分成兩類：一類是隨季節變換毛色的變色狐；
另一類是天藍北極狐，一年四季全身體毛都是藍灰色的。

這是與生活環境相適應的結果，天藍北極狐主要在北極海沿岸活動，
藍灰色的皮毛和藍色的海水相似，有保護色的作用。

①旅鼠的窩藏在雪下，當北極狐把積雪挖得差不多時便會突然高高跳起，藉著躍起的力量利用前腿將雪做的鼠窩壓塌，一網打盡整窩旅鼠。

②在冬季，總有一些北極狐會跟在北極熊身後，伺機撿食北極熊吃剩的食物。

5. 當心食蟻獸的「擁抱」

食蟻獸是貧齒目、蠕舌亞目下的食蟲哺乳動物的通稱，
包括侏食蟻獸、大食蟻獸、小食蟻獸和墨西哥小食蟻獸。

食蟻獸沒有牙齒，舌頭沾滿黏液並且可伸縮；
頭骨細長，適合將頭伸進螞蟻巢穴中用舌頭舔食螞蟻、白蟻或其他昆蟲。

如果你在動物園或野外看到食蟻獸對你張開雙臂，
不要以為牠在向你索取擁抱，這是牠威嚇敵人的姿勢。

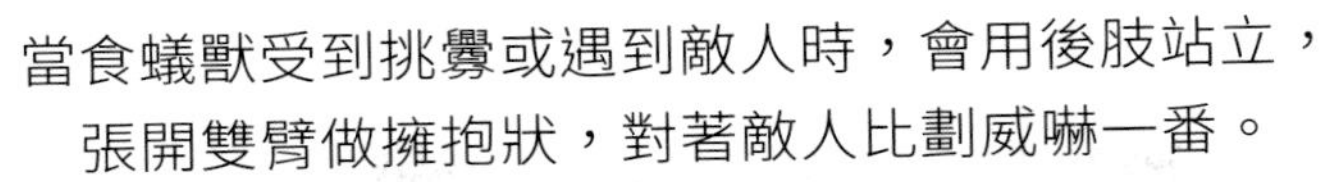

當食蟻獸受到挑釁或遇到敵人時，會用後肢站立，
張開雙臂做擁抱狀，對著敵人比劃威嚇一番。

▶ 狹路相逢……

▶ 勇者勝！

如果敵人步步逼近，食蟻獸會用強而有力的前肢和尖銳鋒利的巨爪與對方廝打。

食蟻獸嗅覺靈敏，但視力比較差，
面對威脅時更常見的是一邊逃跑一邊謹慎觀察敵情，
而不是「擁抱」和「揮爪」。

①小小的螞蟻能滿足那麼大的食蟻獸的「食量」嗎？野外的食蟻獸每天能找到大約三萬隻螞蟻吃掉，有時候甚至會去偷搶鳥蛋吃，所以不需要擔心牠吃不飽的問題。

②在動物園生活的食蟻獸找不到那麼多螞蟻吃，飼養員通常會把泡熟的熟雞蛋、麵包蟲、麥皮蟲、蜂蛹、幾丁質、地瓜葉、食蟲料及季節性水果等超過十餘種食材攪拌成膏狀，過篩後再給食蟻獸吃。

6. 最喜歡游泳的貓——土耳其梵貓

土耳其梵貓是半長毛貓，產於現在的土耳其東部凡湖地區，
「梵」指的是牠們的毛色。

土耳其梵貓的毛色特徵是：只有頭部和尾巴的毛髮顏色會不同，
其餘的被毛部分都是白色。這種花紋稱為「梵文」。

梵貓的眼睛常見的有藍色和琥珀色，
也有一隻眼為藍色、另一隻眼為琥珀色的情況。

最與眾不同的是，梵貓不像一般貓怕水，
牠們非常喜歡水，是寵物貓界中的「游泳健將」。

因為棲息地在土耳其凡湖地區，一直與水相伴，
所以一旦遇到水，會本能地想下去游泳。

土耳其梵貓是自然產生的物種，非人工培育。
由於牠們在棲息地的數量日漸減少，土耳其已立法保護梵貓，
依照相關法律規定，禁止將梵貓帶出土耳其國境。

①許多家貓也有類似土耳其梵貓的花色，這些不屬於梵貓的品種被稱為「仿梵」（Vanalike）。

②土耳其梵貓很聰明，對人比較親近，喜歡玩和到處跳躍，而且充滿好奇心，會鍥而不捨地搶奪有興趣的物件。很多養過梵貓的人都形容牠們是「長成貓樣的狗」，因為牠們的性格和狗很相似。

7. 長得像拖把的狗——可蒙犬

可蒙犬來自匈牙利的普西塔地區，又叫匈牙利牧羊犬。
牠們一身的白色毛髮就像一條條垂直懸掛著的繩索。

可蒙犬還是幼犬時毛髮較短。4 歲時毛髮可長到在地面拖曳的長度。

由於牠們在奔跑時像極了移動的拖把，
所以俗稱「拖把狗」。

可蒙犬是大型犬，而且是體型最大的牲畜護衛犬，
白色的毛色讓牠自然地隱藏在畜群中。

“我們中間有叛徒……”

“嗷嗚——”

可蒙犬有抵抗大型野獸的勇氣，當野狼或者熊想攻擊畜群時，
可蒙犬會與野獸對峙、搏鬥，保護畜群。

牠對主人忠誠，有很強的領地意識和保護意識，行動迅速、敏捷且輕巧，
長相也很有特色。因此可蒙犬漸漸成為玩賞犬和展示犬，很受人喜愛。

①可蒙犬是古老的犬種，1544 年的匈牙利古抄本中第一次提到這種狗。

②雖然可蒙犬的別名叫匈牙利牧羊犬，但牠其實是守衛犬，功能著重於守衛牲畜群和家庭財產，能擊退入侵者。而牧羊犬是強調擁有牧羊技能。

8. 沒有毛的老虎長什麼樣子？

老虎身上的橙黃色皮毛與黑色條紋令人印象深刻，
如果老虎沒有毛會是什麼樣子呢？

由於色素沉澱，老虎皮毛的條紋不僅存在於毛髮上，
也長在毛髮下面的皮膚上。

所以，即使剃掉老虎的毛，
老虎身上仍然會有條紋圖案！

就像每個人生來就擁有獨一無二的指紋，
每隻老虎的條紋圖案也是獨一無二的。

老虎皮膚上的條紋

世界上沒有兩隻老虎擁有相同的條紋，
因此我們也可以藉由條紋來區分老虎。

①老虎並不是唯一一種皮膚和皮毛上長有一致花紋的動物，雪豹的皮膚上也有和皮毛一樣的斑點。

②貓科動物通常擁有非常優秀的夜視能力，老虎也不例外。根據動物學家們的研究，老虎的夜視能力大約是人類的六倍。

9.「傻狍子」有多傻？

東方狍又叫西伯利亞狍，
牠還有一個名字——
傻狍子。

提到傻狍子有多「傻」，流傳的說法是：
獵人冬天上山打獵，根本不用追傻狍子，
因為狍子逃跑後不久就會折返原地，看看剛才是誰要捉牠。

所以，獵人們只需要在原地蹲守就可以捕獲傻狍子。

這些看起來很「傻」的行為，都是狍子的生活環境造成的。
狍子特別喜歡待在植被層次豐富、遮蔽性高的針闊葉混生林。
森林的環境比一望無際的荒原、草原更為複雜。

一旦狍子發現獵捕者並逃跑，
錯過最佳時機的森林獵捕者通常會放棄牠，重新選擇目標。
加上狍子在森林裡有固定活動的場所，
一段時間內，只會在很小的一塊區域，進行覓食、休息和玩耍。

因此，狍子遇襲後並不會逃得很遠，而是會停下來觀察身後獵捕者的動靜。
當牠認為危機解除後，自然就回到原來活動的地方。實際上狍子並不傻。

①雄性狍子頭頂會長角，並且會用角剝開樹皮，留下前額臭腺的分泌物標記地盤。老年的雄性狍子會失去長角的能力。

②狍子的臀部長有一片顯眼的白毛，這是狍子逃生的「武器」。臀部的白毛在狍子受驚時會「炸開」，在光影斑駁的森林裡，這片白毛可以分散獵捕者的注意力，大大提升狍子的逃生機率。

10. 長得像鮭魚壽司的倭犰狳

倭犰ㄑㄧㄡˊ狳ㄩˊ，即粉紅仙女犰狳，也叫小鎧鼴，是個頭最小的犰狳。
牠的背上長著粉色的鱗甲，非常特別，看起來像鮭魚壽司。

粉紅仙女犰狳

牠們棲息在阿根廷中部的乾燥草地和長滿帶刺灌木和仙人掌的沙地中。
成年的倭犰狳只有成年人的一個手掌大。

倭犰狳白天在洞裡睡覺，夜晚覓食。
而洞穴通常會在蟻穴附近，
因為牠們的主要食物是螞蟻及螞蟻幼蟲。

與其他犰狳不同的是，倭犰狳背上的鱗甲是牢固地附著在脊柱和骨盆上的。
背甲上有稀疏的白毛，腹部上的白毛則十分濃密。

倭犰狳擁有強而有力的彎曲利爪，相當符合牠們的穴居習性。
當牠遇到危險時會在幾秒鐘內把自己埋進土裡，保護自己。

如果未能及時躲進洞裡，
就會將身體緊貼地面，動也不動地趴著……

①倭犰狳僅分布在阿根廷的少數地區，數量稀少，屬於高度瀕危物種。牠們生存受威脅的主要原因是當地土地的破壞以及家犬的獵食。

②目前，生物學家對倭犰狳的了解還比較少，牠們的交配繁殖過程至今還是一個自然之謎。

11. 樹懶需要兩週時間才能消化食物

樹懶長得有點像猴子，
不過動作遲緩，
常用爪子將自己倒掛在樹枝上一動也不動，
是懶得出奇的哺乳動物。

牠什麼事都懶得做，甚至懶得去吃，
能一個月以上不吃東西。

樹懶徹底適應樹棲生活，喪失了地面活動的能力。
牠們主要吃樹葉、嫩芽和果實。

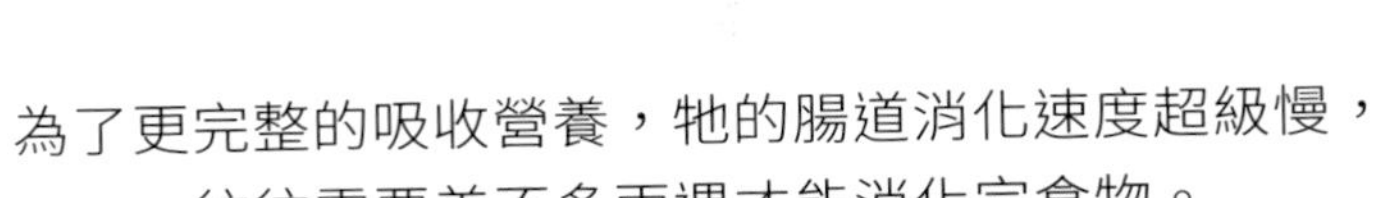

為了更完整的吸收營養，牠的腸道消化速度超級慢，
往往需要差不多兩週才能消化完食物。

星期一，努力進食。

星期三，消化中──

星期五，消化中──

星期天，便意來襲！

樹懶非常能忍，平均一週排便一次，
因為每次排便還要從樹上爬下來。

①樹懶是唯一一種身上長有植物的野生動物，毛上附有藻類，因此毛髮會呈現綠色，有助於藏在樹上和森林中不易被天敵發現。

②樹懶雖然有腳但是不能走路，要依靠前肢拖動身體才能前行。但在水裡，牠就是游泳健將。

12. 異色瓢蟲背後的花紋是雙親組合的結果

我們日常見到的瓢蟲通常是異色瓢蟲和七星瓢蟲。

七星瓢蟲後背上的花紋是固定不變的，
而異色瓢蟲後背上的花紋不固定，各式各樣都有。

其他異色瓢蟲

這是因為異色瓢蟲後背的花紋，
是從自己的雙親以及雙親的雙親所繼承下來再組合而成的。

異色瓢蟲花紋繼承和再組合的機制比較複雜，
科學家至今還沒有完全研究出來。

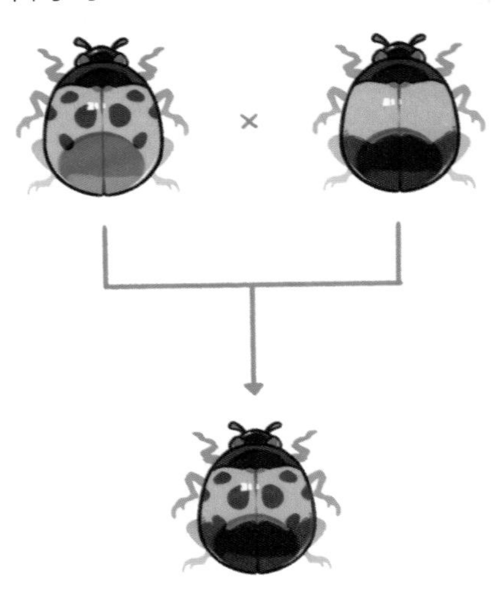

花紋的繼承與再組合

不過，科學家們發現，
瓢蟲身上的花紋和斑點的數量與年齡沒有關係。

擁有相同數量斑點的瓢蟲都屬於同一個科目。
瓢蟲從幼蟲到成蟲，身上的斑點數量都不會發生變化。

①瓢蟲有著驚人的避敵本領。牠能製造「假死」，就像失去知覺一樣。等危機解除後結束「假死」，神經系統恢復正常，牠又會「活」過來。

②雖然人類是以花紋和斑點數來區分瓢蟲的種類，但瓢蟲並不以此來辨認同伴，牠們依賴的是嗅覺。

13. 長著外星人臉的毛毛蟲

當蝴蝶和飛蛾還是毛毛蟲形態的時候，
會遇到很多獵食者。
因此毛毛蟲要能活下來順利結繭，
會經歷很多危險。
但是，牠們爬行那麼慢，
要怎樣躲避獵食者呢？

許多毛毛蟲都會進化出獨特的擬態進行偽裝，
比如能擬態成「外星人」的毛毛蟲——夾竹桃天蛾幼蟲。

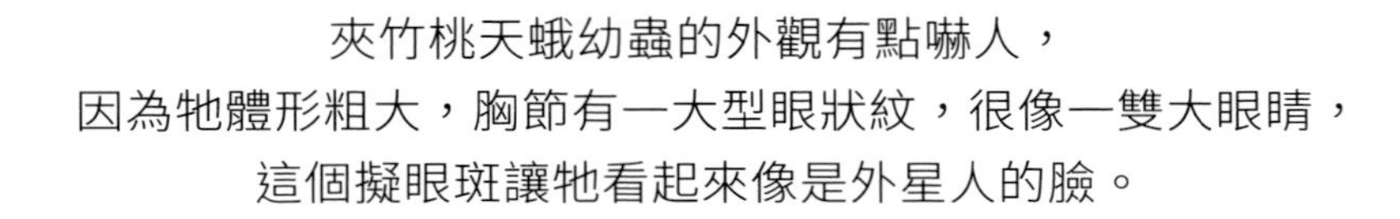

夾竹桃天蛾幼蟲的外觀有點嚇人，
因為牠體形粗大，胸節有一大型眼狀紋，很像一雙大眼睛，
這個擬眼斑讓牠看起來像是外星人的臉。

擬眼斑是許多毛毛蟲喜歡採用的偽裝，例如——

銀月豹鳳蝶幼蟲

銀月豹鳳蝶幼蟲演化出與蛇眼相似的擬眼斑

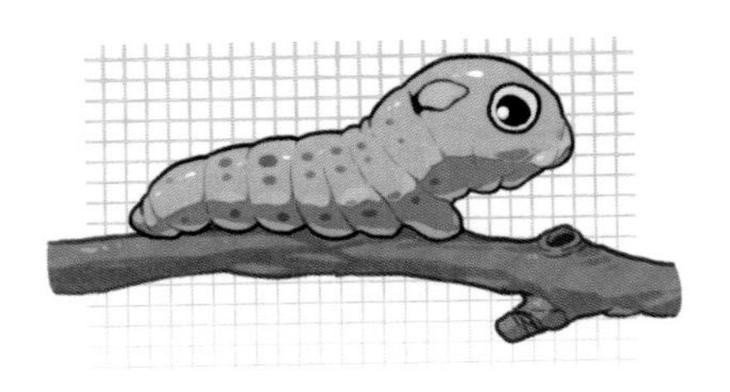

不同的毛毛蟲有不同的擬態，
不過這些都不是刻意選擇的特定圖案。

綠蛞蝓毛蟲

綠蛞蝓毛蟲偽裝成小西瓜來保護自己

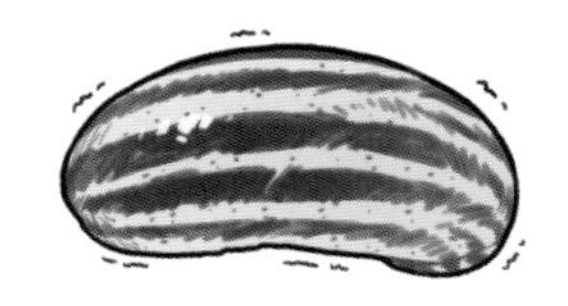

夾竹桃天蛾幼蟲因為碰巧長了一張外星人臉而引人注目，
如今已經成為「網紅昆蟲」。

①夾竹桃天蛾幼蟲長得那麼肥大，食量卻不小，可以說非常貪食，甚至會將整株幼苗葉部吃個精光，所以牠們對苗木的生長危害很大。

②夾竹桃天蛾是身體花紋最漂亮的蛾之一，體表綠色的斑紋像迷彩裝。幼蟲主要吃的是有毒植物夾竹桃，這也是「夾竹桃天蛾」名字的由來。

14. 椿象的「臭味」對人體有害嗎？

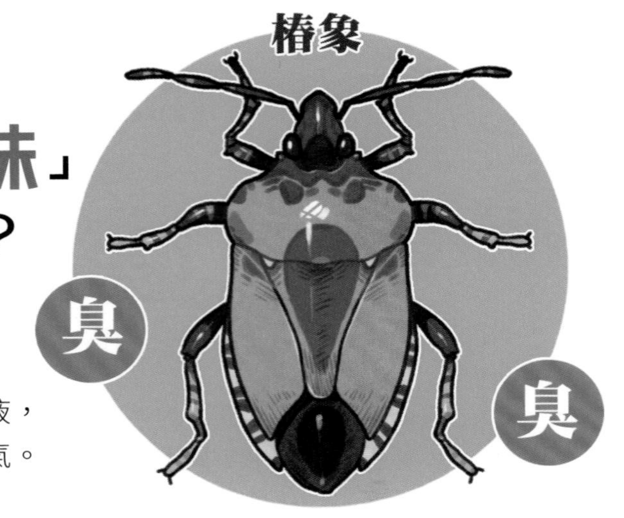

椿象又叫「臭屁蟲」，
喜愛荔枝、龍眼等水果。
牠的臭腺孔能分泌揮發性臭液，
當臭液遇空氣立刻揮發成臭氣。

椿象臭氣不僅難聞，而且對人體有害。

當椿象受外界刺激或攻擊時，
腹部的臭腺孔會釋放出大量帶有臭味的腐蝕性臭液。

這些分泌物中含有醛類與酯類，對皮膜組織有強烈刺激性，
接觸人體後常引發疼痛、發炎等症狀。

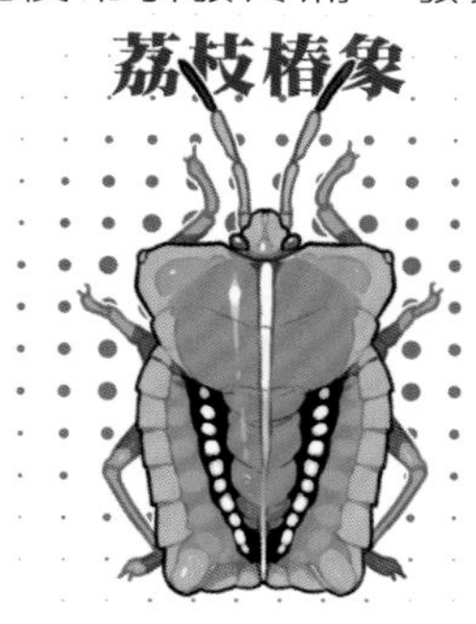

如果不小心將「毒霧」吸入體內，可能會誘發氣喘等呼吸道過敏反應；
如果誤入眼中接觸到眼角膜，也有可能引發不適症狀，
處理不妥甚至會導致失明。

所以最好不要去觸摸和招惹椿象。
當然，相信大家聞到椿象的臭味也早就退避三舍了。

①椿象的成蟲和幼蟲將針狀口器插入果實、嫩枝和葉片內吸食植物汁液，導致植株生長緩慢或停滯，枝葉萎縮、果實畸形，甚至使花朵、果實掉落。

②非洲有一些椿象還擁有一個軸心噴嘴，這種噴嘴準確性更好，釋放的毒霧攻擊性也更強。

15. 獨角仙到底是害蟲還是益蟲？

獨角仙也叫兜蟲，
是我們經常見到的大型甲殼蟲。
其幼蟲也叫雞母蟲，
體形很大，有點嚇人。

獨角仙到底是害蟲還是益蟲，有不一樣的說法。

獨角仙以由腐爛葉土或朽木形成的腐殖質為食，
所以獨角仙不會對農作物產生危害，還可以適當改善環境。
從這點來看，牠是益蟲。

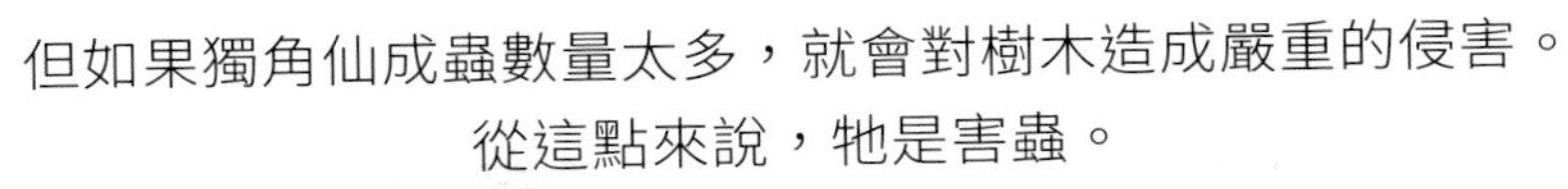

但如果獨角仙成蟲數量太多，就會對樹木造成嚴重的侵害。
從這點來說，牠是害蟲。

獨角仙是益蟲還是害蟲，
以當地獨角仙成蟲的棲息數量為界定標準。

現在獨角仙還常被人當作觀賞性寵物飼養。
一隻外觀上等的獨角仙寵物，價格昂貴。

①獨角仙成蟲力大無窮，能拉動比自身重數十倍的東西。

②雄性獨角仙還可做成藥治療疾病，有較高的藥用價值。處理方法是用開水燙死獨角仙後，晾乾或烘乾備用，稱為獨角螂蟲，有鎮驚、祛瘀止痛的效用。

16. 擁有「烈焰紅唇」的紅唇蝙蝠魚

紅唇蝙蝠魚因為長了
一張「烈焰紅唇」而聞名。
牠的體長約 25 公分，
身體扁平、尾部粗且短。
主要吃蝦、軟體動物、
小魚、螃蟹和蠕蟲。

在沙灘或較淺的海底能經常見到紅唇蝙蝠魚。
雖然科學家認為牠是生活在淺水區的魚類，
但紅唇蝙蝠魚偶爾也會在深水區活動。

站起來了！

牠的游泳能力很差，所以會用四隻胸鰭在海底站立和爬行。

當紅唇蝙蝠魚性成熟的時候，背鰭會變成一個棘狀突起。
科學家推測這個突起具有誘捕獵物的功能。

①紅唇蝙蝠魚是南美國家厄瓜多的加拉巴哥群島的特有物種，除此以外沒有在其他地方發現牠們的蹤跡。

②蝙蝠魚是一種能有效抑制海藻滋長的魚類。蝙蝠魚吃海藻的能力不亞於鸚嘴魚和刺尾魚，甚至還能消滅較大的海藻。

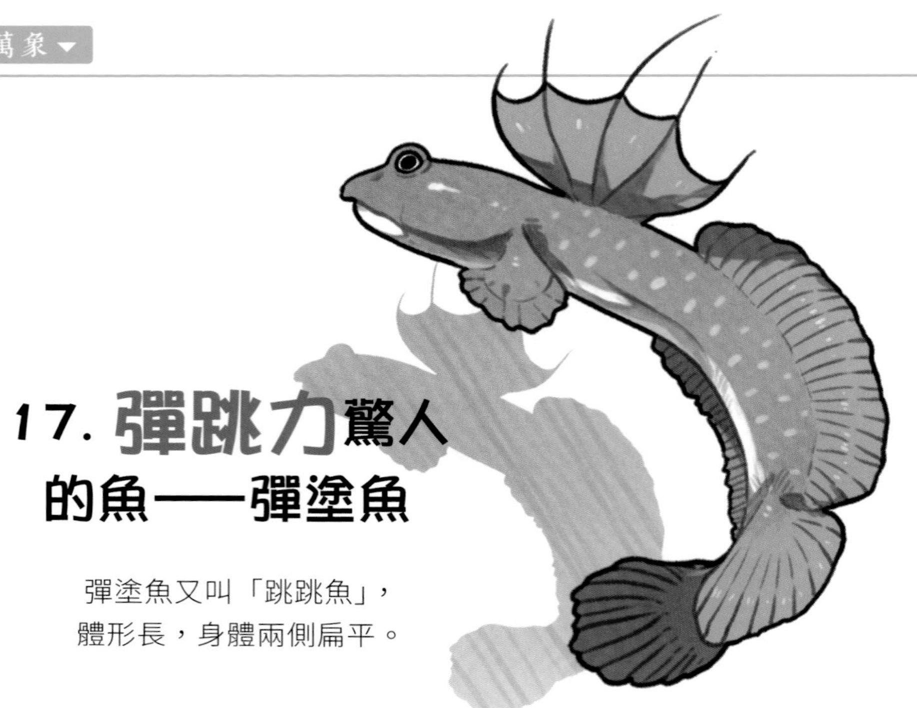

17. 彈跳力驚人的魚——彈塗魚

彈塗魚又叫「跳跳魚」，
體形長，身體兩側扁平。

彈塗魚最大的特點是驚人的彈跳力。

用泥巴護膚——

變得滑溜溜！

牠平時匍匐於泥灘或沙灘上，
受驚時會利用胸鰭和尾鰭發力迅速跳入水中，
或是鑽到泥穴裡來逃避敵害。

大部分的魚類離開水面會缺氧窒息而死，
但彈塗魚可以長時間離開水在陸地上爬行。

▶ **夢想一定要有！**

▶ **萬一實現了呢？**

這是因為牠們除了用鰓呼吸外，
還可以憑藉皮膚和口腔黏膜輔助呼吸，攝取空氣中的氧氣。

①彈塗魚的肉質鮮美細嫩，滑順且爽口，含有豐富的蛋白質和脂肪，早在元代就已經被列入海產品之中。東南亞一帶的國家如韓國和日本，都有吃彈塗魚的習慣，日本人還稱牠為「海上人蔘」。

②有時候彈塗魚還會爬到樹上休息。待在樹上時，彈塗魚的腹鰭就像吸盤一樣可以讓身體附著在樹上。

18. 目前已知最大的魚類是哪種魚？

許多人或許會第一時間想到鯨魚。
畢竟藍鯨的身長可以達到 30 公尺，
體重可達 160 公噸，是世界上最大的動物。

實際上，目前已知的最大的魚類是一種鯊魚——鯨鯊。
為什麼不是鯨魚？因為鯨魚不是魚類，而是哺乳類動物。

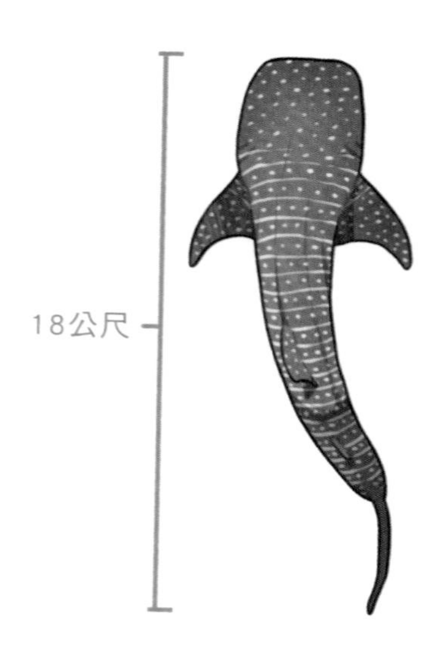

成年鯨鯊的平均身長一般為 12 ～ 15 公尺，
最長的大約 20 公尺，幾乎和座頭鯨差不多長。

由於體型巨大，讓人感覺和鯨魚非常接近，
所以名字帶有一個「鯨」字。

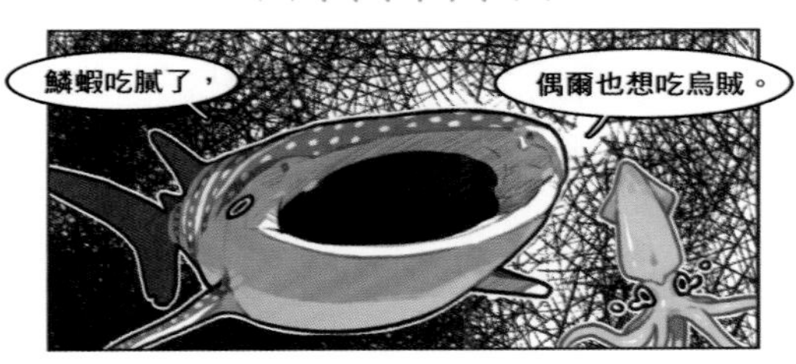

鯨鯊雖然體型龐大，性格卻不凶猛，
牠們主要以大量浮游生物和小型魚類為食，不會去攻擊其他的動物。

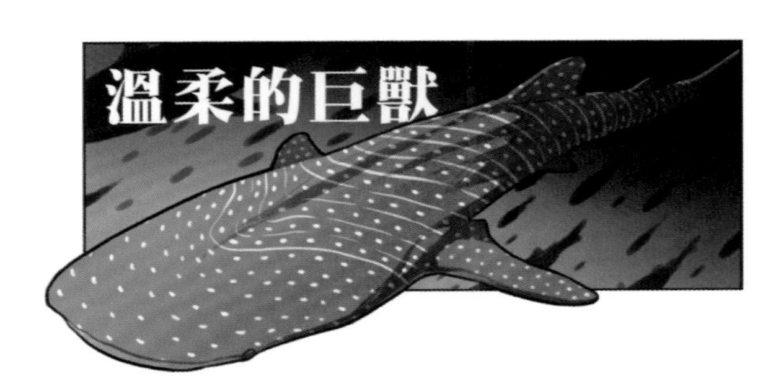

鯨鯊被稱為「溫柔的巨獸」，
如果在潛水時碰到鯨鯊，不用擔心牠會突然襲擊你。
保持距離、安靜地觀察牠，就是最好的「打招呼」方式，
否則，可能會被鯨鯊巨大的尾鰭擊中。

①鯨鯊通常單獨活動，游動速度緩慢，常常漂浮在水面上曬太陽。

②每一條鯨鯊身上的斑點都是獨一無二的，生物學家因此能夠辨識不同的鯨鯊個體，也能精準地統計出鯨鯊的數量。

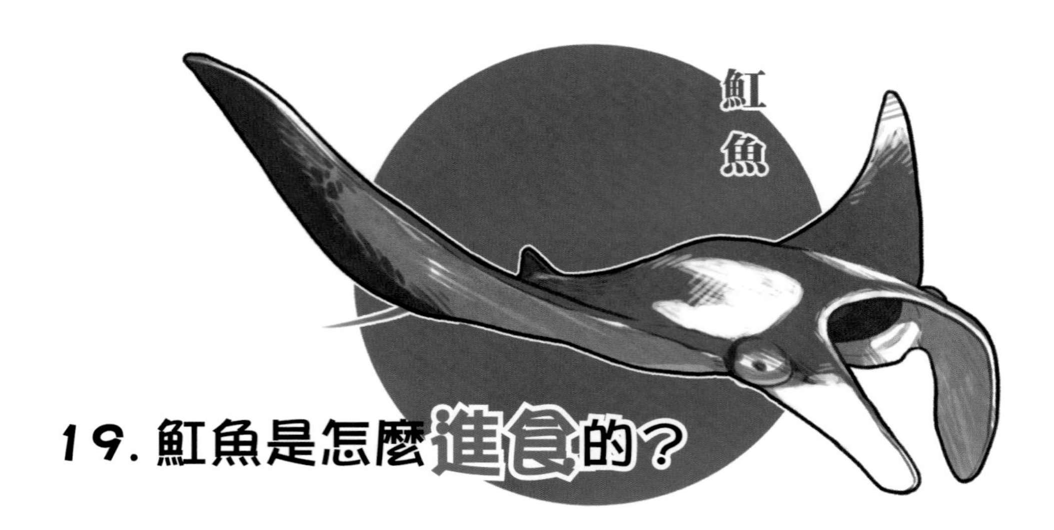

19. 魟魚是怎麼進食的？

魟魚，又叫魔鬼魚，牠的英文名字 Manta 來自西班牙語，意思是「毯子」。
體型呈扁平狀，略呈圓形或菱形，就像一個薄薄的圓盤，
一般長 0.5 ～ 1 公尺，全身最長可達 8 公尺以上，重達 3 公噸。

魟魚主要活動於熱帶和亞熱帶的淺海區域，
大多棲息在海底沙地，主要以浮游甲殼類動物和小魚為食。

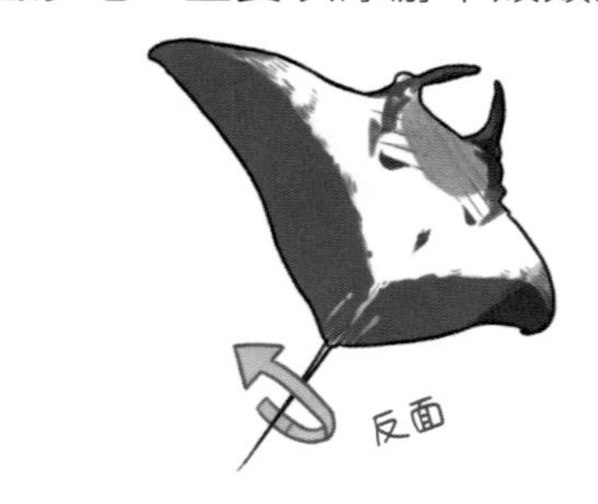

▶ 魟魚的腹部有一張“魔鬼臉”

魟魚是典型的濾食性動物，牠的進食方式十分有趣。

魟魚進食時會充分使用牠的頭鰭和軟骨肉角，
將面前的浮游生物和其他小型魚類撥弄進牠寬大的嘴裡。

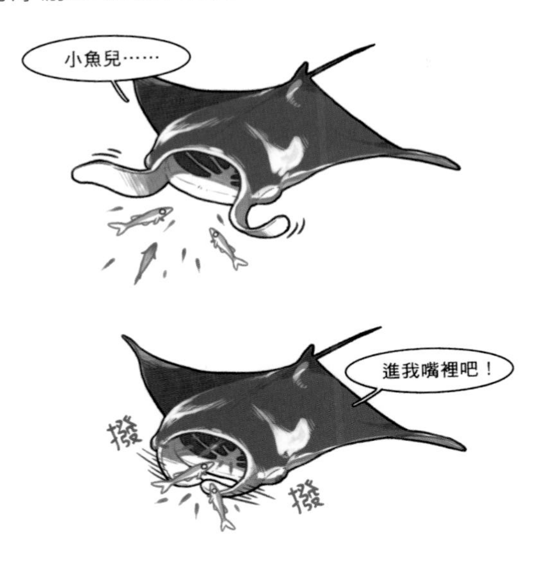

然後透過類似大頭鰱魚鰓的過濾系統，
將微小的生物留下，把海水過濾出去。是不是很像「吸塵器」呢？

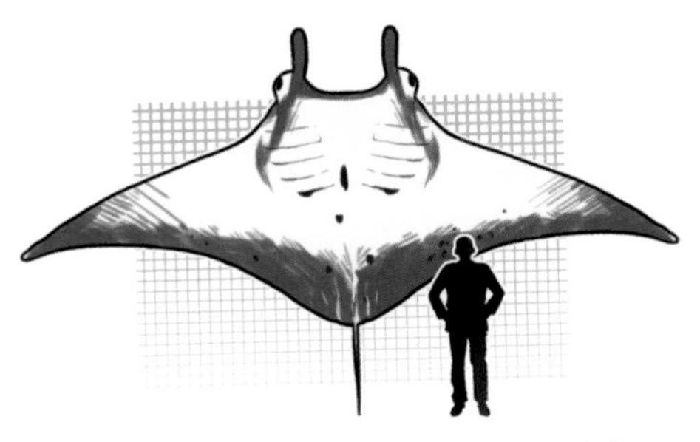

“魔鬼魚”比你想像的還要大

魟魚早在一億多年前的侏儸紀時期，就出現在海洋裡了。
牠們祖先的外貌和體型，其實跟現在的魟魚差不多。

①魟魚有一項特技——凌空飛出水面。出水前牠們在海中會以旋轉式的游姿上升，越接近海面，轉速和游速就越快，直至躍出水面，有時還伴隨漂亮的空翻。

②小魟魚一生下來就有 20 公斤重，體長約 1 公尺，經常被誤認為是已經長大的魚類。

20. 蝰魚有一口長長的、透明的尖牙

蝰魚是一種小型深海發光魚類，體長 35 公分左右。
由於牙齒尖且長，超出了上下兩顎之外，跟蝰蛇樣子很像，故而得名。

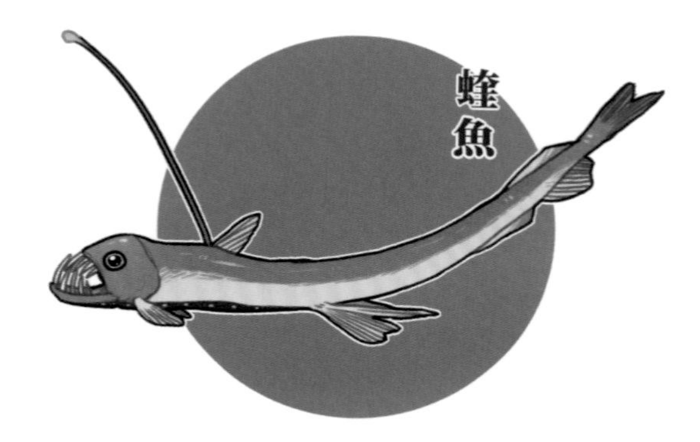

蝰魚模樣比較嚇人，是深海的凶猛捕食者，
上下牙齒尖銳細長而且呈透明狀。

張開大嘴，衝向獵物

牠游動時速度很快，能夠飛速衝向獵物，用牙齒牢牢地咬住。
獵物只要被咬住，蝰魚的牙齒就會像釘子一樣牢牢地插入其身體，
使獵物難以逃跑。

蝰魚有一個頜狀的頭骨，下頜可以張開至 90°吞下大獵物。
蝰魚的胃極具彈性，所以能吞下和自己一樣大的獵物，
而且這樣的胃還有儲存食物的作用。

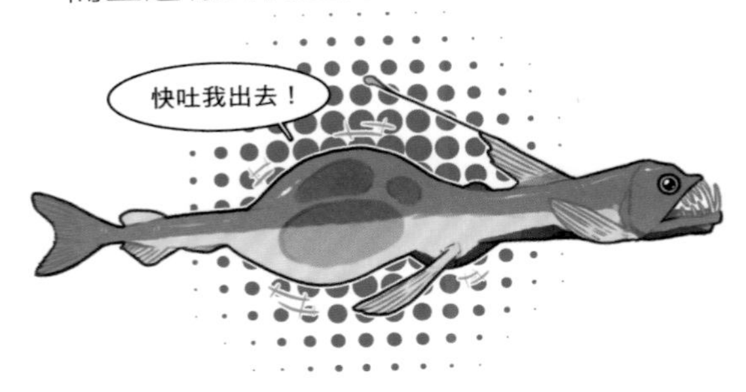

蝰魚的體側、背部、胸部、腹部和尾部均可發光，
在鰭末端和口腔內也有發光器。

在漆黑的深海中，蝰魚之所以把自己裝扮得如此「亮麗」，
就是為了用亮光來引誘獵物，方便捕食。

①蝰魚生活在一千多公尺深的深海區，晚上才會上游到六百多公尺深的水域捕食。因此人們很難看到活生生的蝰魚，除非你有機會搭乘深海潛水艇到深海區探索。

②蝰魚捕獵時會將嘴巴張到最大，然後保持這個姿勢一動也不動地潛伏，用體側和背鰭上的發光器吸引獵物游到身邊，布滿利齒的大嘴就像獸夾等待獵物自投羅網。

21. 沙漠雨蛙生氣時會把自己鼓成氣球

沙漠雨蛙主要棲息在南非，
屬於中小型蛙類，成年蛙的體長通常是 3 ～ 5 公分。

在生氣和遇到危險的時候，
牠會把身體鼓起來，像一個充飽氣的氣球。

同時會發出「啊～～」的叫聲。
這樣的叫聲對自然界的生物有一定的威脅作用，
但是人類聽了只會覺得好可愛。

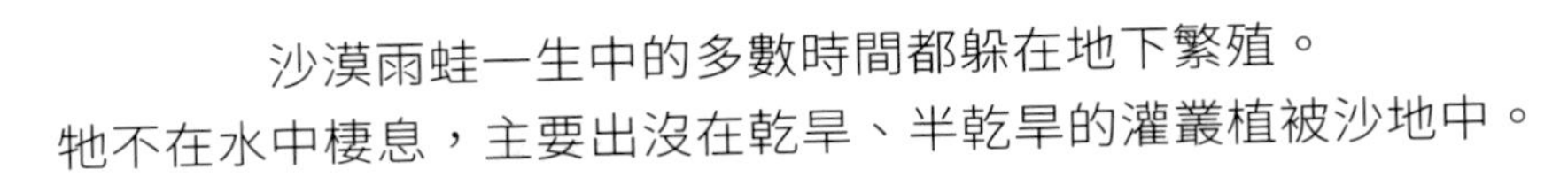

沙漠雨蛙一生中的多數時間都躲在地下繁殖。
牠不在水中棲息，主要出沒在乾旱、半乾旱的灌叢植被沙地中。

這是因為沙漠雨蛙不會游泳……

不過即使被丟到水中，應該也不會淹死，
因為牠可以鼓起身體，浮在水面上。

①由於人類的商業活動破壞了沙漠雨蛙的棲息地，現在已經很難看到野生的沙漠雨蛙了。目前，沙漠雨蛙被國際自然保護聯盟列為瀕臨滅絕的物種。

②由於四肢短小，沙漠雨蛙不會跳躍也無法游泳，只能在地面上爬行。

22. 來自遠古的「活化石」——三眼恐龍蝦

三眼恐龍蝦，學名是佳朋鱟蟲。

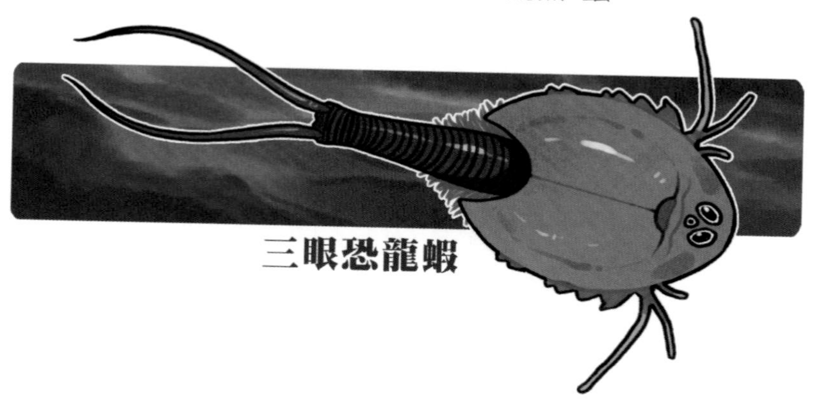

牠的特點是擁有由一對複眼加一隻感光眼構成的三隻眼，以及七十二對鰓足。

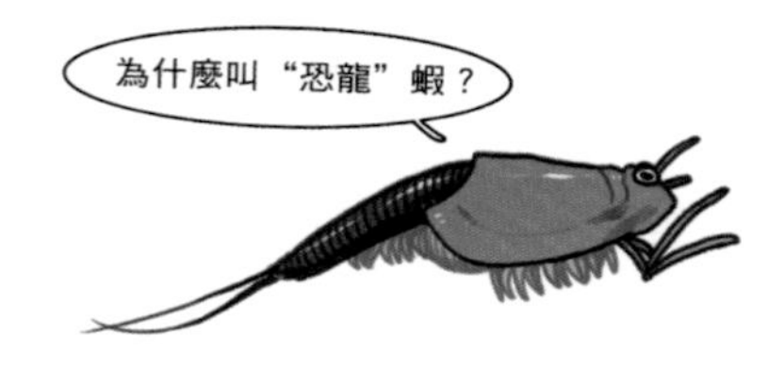

▶因為三眼恐龍蝦曾經活躍在恐龍時代！

三眼恐龍蝦會和「恐龍」兩個字有關，是因為牠早在三億年前的古生代石炭紀就已經出現了。

而經歷過三次生物大滅絕後，三眼恐龍蝦竟然奇蹟似地活了下來，
並且廣泛分布在世界各地。

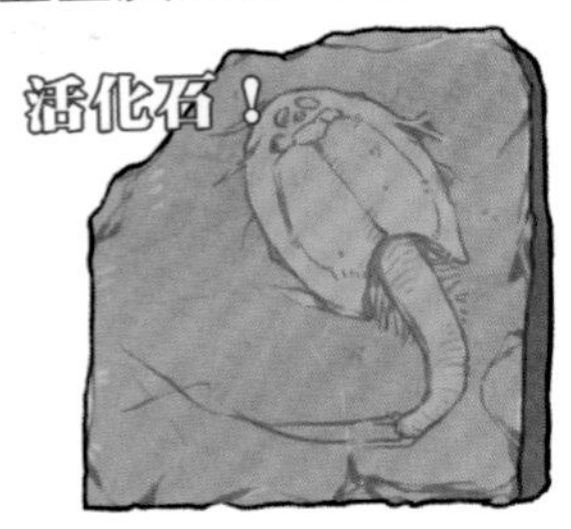

經過數億年的發展，牠還保持著原來的樣貌，
堪稱地球上古老的生物「活化石」。

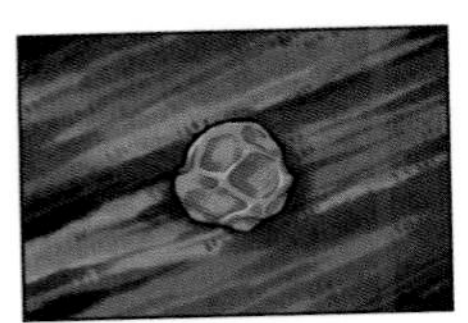

▶ 處於滯育期的卵

▶ 遇到適宜的環境後

▶ 繼續生長、孵化

三眼恐龍蝦的生命週期只有大約 90 天，但卵的滯育期可以長達 25 年。
也就是說，三眼恐龍蝦的卵會因為惡劣的環境而暫停發育，
在 25 年內如果遇到合適的環境就會繼續孵化。

①也許正是三眼恐龍蝦的卵有獨特的「滯育期」，才能幫助牠們躲過三次生物大滅絕，克服惡劣的環境一直生存下來。

②在水稻田、池塘等地方都能發現三眼恐龍蝦。牠主要吃水裡的腐爛物質，對人體和農田無害。日本農民把牠當作農藥的替代品，因為三眼恐龍蝦可以消滅水稻田裡的雜草，讓水稻生長得更好。

23. 星龜的性別與孵化溫度相關

星龜棲息在灌木叢、沙漠周邊，
或者農田等比較乾燥的地方。
星龜的背甲有鮮明的放射狀花紋，有保護色的作用。

雌星龜一次能產下 1 ～ 6 顆蛋，蛋長約 4 公分，平均重 40 克。

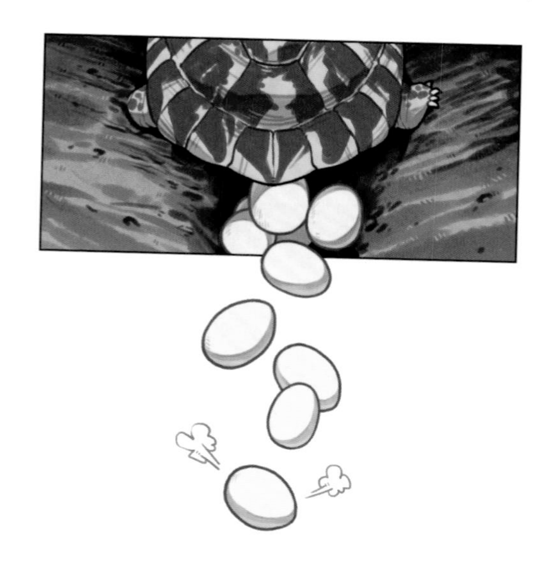

星龜蛋的蛋殼又薄又脆，跟一般龜蛋不同，
用放大鏡觀察可以發現星龜蛋殼上布滿了氣孔。

有趣的是，未出生的星龜性別與孵化溫度有很大的關係，
影響星龜性別的溫度分界點是 30.5°C。

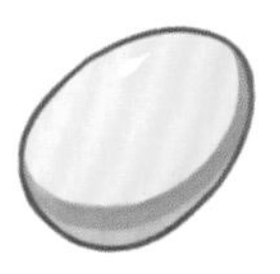

孵化溫度為28℃時——

星龜蛋的孵化溫度在 28°C～ 30°C時，大多會孵出雄星龜。

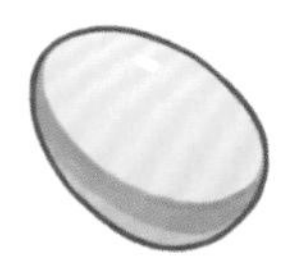

孵化溫度為31℃時——

而在孵化溫度為 31°C～ 33°C時，大多數星龜蛋會孵出雌星龜。

①星龜被列入《瀕危野生動植物種國際貿易公約》附錄二，參照國家二級保護動物標準管理，所以若買賣星龜是違法的行為喔！

②星龜與眾不同的特點是：雄星龜之間不會為了雌星龜而爭鬥，也不會撕咬或衝撞雌星龜。跟其他的龜類相比，星龜的求偶和交配顯得安靜斯文多了。

24. 擁有西瓜頭造型的鳥——格洛斯特金絲雀

作為一種觀賞鳥，
金絲雀擁有漂亮的羽毛、
優雅的身姿、動聽的歌聲，
具有十足的觀賞性。

金絲雀有非常多的品種，經由人工培育，可以繁殖出有豐富的羽毛顏色及特殊外貌造型的新品種金絲雀。

其中最引人注目的金絲雀新品種，就是格洛斯特金絲雀，
牠有著奇特的「西瓜頭」髮型。

整齊茂密的「西瓜頭」髮型，
看起來就像是理髮店師傅精心設計修剪的成果。

▶ Tony老師（理髮師）的最佳傑作！

格洛斯特金絲雀的羽毛還有幾種不同顏色。

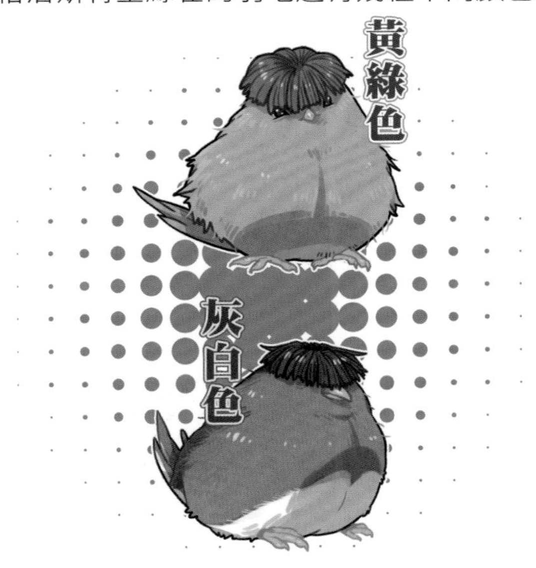

由於格洛斯特金絲雀只能透過人工培育誕生，
因此人們不太可能在野外看到牠們。

①格洛斯特金絲雀最早是在19世紀初期由一位女士所培育出來的，其命名跟英國格洛斯特郡有關。

②金絲雀對於瓦斯這種氣體十分敏感，甚至在瓦斯濃度對人類來說還達不到致命程度時，金絲雀就已經先昏倒了。所以，在以前採礦設備簡陋的情況下，工人們每次下井都會帶一隻金絲雀作為活體的「瓦斯檢測報警器」。

25. 深情鴛鴦「用情」不專一？

鴛鴦鳥的名字包含了兩個性別：鴛指雄鳥，鴦指雌鳥。
雌雄鴛鴦的外貌有很大的不同，
雄鳥的嘴是紅色，腳部橙黃色，羽色鮮艷而華麗；
雌鳥的嘴是灰色，腳部橙黃色，頭部和後頸呈灰褐色，眼周則是白色。

雄鳥，鴛。

雌鳥，鴦。

人們通常會用鴛鴦祝福他人愛情美滿。
但鴛鴦本身其實並不是用情專一的動物。

在繁殖期，一對鴛鴦會形影不離，
在睡覺時，雄鳥還會用翅膀護住雌鳥，
於是有了「只羨鴛鴦不羨仙」的佳句。

「只羨鴛鴦不羨仙」

但是當雌鳥生下蛋後，繁殖期結束，
「夫妻關係」就解除了，雄鳥便會離開。

一對鴛鴦一旦有一隻離去，另一隻就會立刻尋找「新歡」。

①古代詩詞跟鴛鴦有關的有四千多首，但並非泛指愛情，例如魏晉時期許多文人用鴛鴦來暗指兄弟情。

②黑頸天鵝是世界上用情最專一的動物。一對結伴的黑頸天鵝會形影不離，一起覓食、休息、戲水，在遷徙的途中也是相互照應不分離。如果一隻不幸死去，另一隻會終日哀鳴、抑鬱。

26. 頭上頂著兩根「天線」的鳥

薩克森王天堂鳥（雄性）

薩克森王天堂鳥（薩克森風鳥）是天堂鳥中非常奇特的一個品種，雖然體型只有 22 公分長，但頭上兩根飾羽卻長達 50 公分。

這兩根飾羽由四十多片像玻璃的方形裂片組成。裂片正面和背面顏色不同，正面是藍色，而背面是暗紅色。

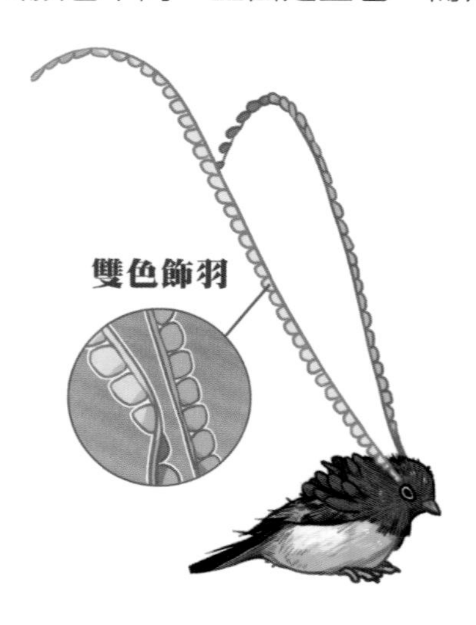

薩克森王天堂鳥生活在新幾內亞海拔 1500 ～ 2700 公尺高的雨林地區，以各種水果為主食，偶爾捕食昆蟲。

只有雄性薩克森王天堂鳥擁有修長的飾羽和亮麗的羽毛。

薩克森王天堂鳥（雌性）

而雌性薩克森王天堂鳥則「暗淡」許多，全身灰褐色，外觀就像普通的麻雀。

牠們的求偶方式非常特別，
雄性薩克森王天堂鳥會動用頭部的特殊肌肉搖晃天線般的飾羽，
來吸引雌性薩克森王天堂鳥的注意。

①科學家尚未證實野生薩克森王天堂鳥的壽命，不過人工圈養的天堂鳥可活到 30 歲。

② 19 世紀晚期到 20 世紀 30 年代，人們為了取羽毛做女士帽子的裝飾而對薩克森王天堂鳥進行大量捕殺，後來英國和荷蘭禁止了這種羽毛貿易。

27. 幼年期擁有四隻爪子的鳥——麝雉

麝雉分布在南美洲亞馬遜河流域，
體長約 65 公分，體重不到 1 公斤。

麝雉雌雄長相相似，頭頂的羽冠由長短不一的羽毛組成，
身體會散發出一種濃烈的霉臭味，可以說是「臭名遠揚」。

牠還有一個特點就是，雛鳥像最原始的鳥類始祖鳥一樣擁有四隻爪子。
但雛鳥在長大成熟後，長在翅膀上的那兩隻翼爪就會失去功能。

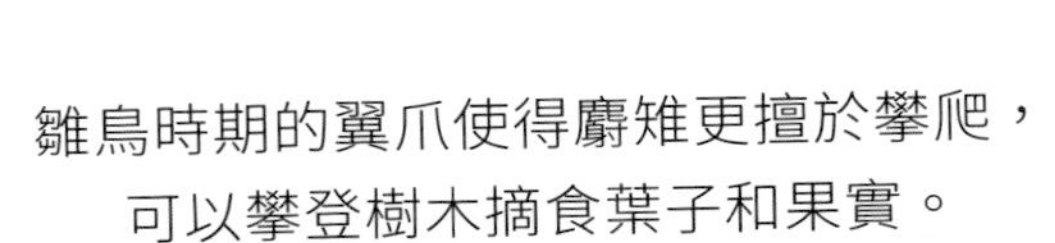

雛鳥時期的翼爪使得麝雉更擅於攀爬，
可以攀登樹木摘食葉子和果實。

其他鳥類的雛鳥長大後會離巢獨立生活，
但小麝雉出生後卻要在父母身邊足足待上 3 年才能獨立。

▶ 麝雉擅長潛水逃生

麝雉的棲息地是經常遭遇洪水的雨林，牠不善於飛行卻擅長游泳。
所以大多選擇在水面上 3 ～ 5 公尺高的樹杈作為築巢地點，
以方便游泳逃生、躲避敵害。

①麝雉的眼皮上長有睫毛，這在鳥類中是十分罕見的。由於麝稚幼鳥翅膀上有爪，跟 1.45 億年前的始祖鳥形態特徵相似，因此被古生物學家認為是鳥類起源於爬行動物（恐龍）的依據。

②雖然擅長游泳，但成年的麝雉很少游泳，也不常飛行。除了覓食外，牠們很少活動，大多是坐臥、棲息在樹枝上。

28. 蛇鷲擁有巧妙的捕蛇技巧

蛇鷲是一種大型陸生猛禽，
長得像鶴，身形優雅，體長約 1.4 公尺。

牠雖然可以飛，但更喜歡步行。
蛇鷲的活動範圍大約遠至 30 公里，可以大範圍尋找食物和其他資源。

蛇鷲主要獵食大型昆蟲、蛇以及小型哺乳動物。
捕蛇時不會像其他猛禽依靠蠻力，而是智取。

蛇鷲會發揮自己的身形優勢，
牠的長腿能使蛇不容易纏繞牠的身體，腿表面覆蓋著很厚的角質鱗片，
如同一層堅固的「鎧甲」，因此毒蛇的牙齒難以咬穿。

牠不疾不徐地在蛇的附近徘徊、跳躍。

等蛇應付得精疲力竭時，蛇鷲便會抓起蛇飛向天空，
在空中將蛇摔向地面，使其摔暈或摔死，最後才吞下。

①蛇鷲是許多非洲毒蛇的天敵，例如黑曼巴蛇。

②蛇鷲的腿是所有猛禽中最長的，但是因為太長了，所以在進食或飲水的時候，必須彎曲雙腿蹲在地上。這雙長腿殺傷力極大，只要用力一踢，即可輕易讓獵物非死即傷。

29.「惡魔的牙齒」——出血齒菌

出血齒菌是真菌家族中非常特殊的成員，
常見於美國西北太平洋沿岸地區，通常生長在針葉樹林裡。

它被稱為「惡魔牙齒」或「草莓奶油冰淇淋」。
雖然長得有點可怕，但不是毒蘑菇。

草莓奶油冰淇淋

出血齒菌看起來像一塊撒滿草莓醬的白色奶油冰淇淋，
也有人以為這上面血紅色的液體是動物血液濺上去的。

如果仔細觀察會發現紅色液體是從蘑菇上的小孔滲出的。
經過研究，這些紅色的液體是由猩紅色素引起的。

▶ **出血齒菌可以食用，但是又苦又難吃**

出血齒菌可食用，不過氣味非常古怪且難聞，
而且上面的紅色液體非常苦。

①科學家分析發現，出血齒菌滲出的紅色液體中含有一種抗凝血劑，跟天然有機抗凝血劑肝磷脂有相似的特性。

②科學家猜測出血齒菌的味道這麼苦，可能是一種自我保護的方式，以免被動物吃了。

30. 可以長到一層樓高的蔬菜

秋田蕗ㄌㄨˋ在早春開花後，
頂端會長出傘狀的大葉子，
最高可達2～3公尺高，
將近一層樓的高度。

由於秋田蕗的葉柄很長，頂端葉片寬大，
所以在很久以前，就被當成天然的「雨傘」。

秋田蕗產量最高的地方就是日本的秋田縣。
分布在日本各地，尤其是在山林間的遮蔽處、
有溪流穿過的河濱兩岸，都能看見長得很好的秋田蕗。

秋田蕗的莖葉可以食用，味道還不錯。

主要的烹飪方法是醃製，也可以做成天婦羅、燉菜和醬湯。
這麼大的植物，一株就能吃很久。

玉米和玉米筍

秋田蕗能長得這麼巨大，是因為它是蜂斗菜的變種，
相當於今天的玉米跟當年拇指大小的玉米筍的關係。

①秋田蕗作為北海道的寶物，被評為「北海道遺產」之一。

②動畫電影《龍貓》中，龍貓頭上的那片葉子就是秋田蕗。

小劇場01

可愛的西瓜

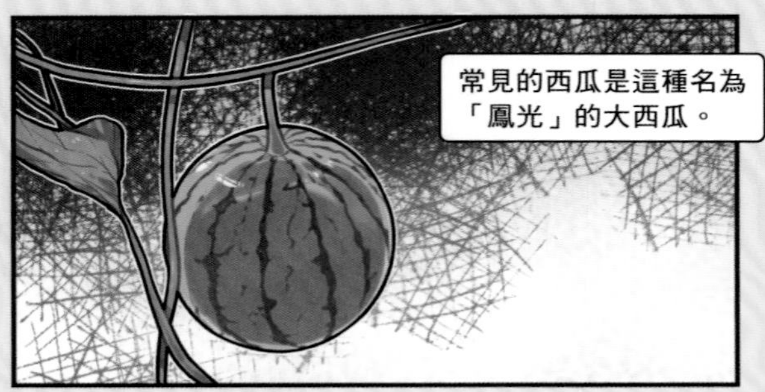

麵包蟲是一種富含蛋白質的蟲子，牠是黃粉蟲的幼蟲。

黃粉蟲的生育期分為四個階段，從卵孵化成幼蟲，再從幼蟲生長到蛹，最後蛻變為有翅膀的成蟲。

經常被用來作為飼料的，就是黃粉蟲的幼蟲。

小劇場 02

美麗且劇毒！

黃金箭毒蛙

黃金箭毒蛙經常棲息在潮濕的地方，牠的身上攜帶劇毒，當地的人們經常用牠的毒液來捕獵。

草莓箭毒蛙

草莓箭毒蛙體內的毒素足以殺死2萬多隻老鼠。除了人類外，箭毒蛙幾乎沒有別的天敵。

藍色箭毒蛙

藍色箭毒蛙是南美洲土著人用來製作武器的動物之一，絢麗的藍色皮膚下藏著致命毒素。

幽靈箭毒蛙

幽靈箭毒蛙的毒液緩解疼痛的功效是嗎啡的200倍，但由於毒性過大，不能用來製藥。

世界上毒性最強的蛙類是？

黃金箭毒蛙是世界上已發現的毒性最強的蛙類之一。

牠全身金黃色，個頭很小，體型不超過5公分長，體寬大約為成年人兩根手指頭併攏的寬度。

黃金箭毒蛙的全身皮膚都有毒，被公認為毒性最強的脊椎動物。

生活的智慧

這根香蕉，
還沒熟！
可是我餓了。

我有辦法
催熟它。

將它和成熟的
橘子放一起。
就這樣？
幾個小時後，
它就會變黃。

神奇！這就是
生活的智慧！
熟了！

第二章

五花八門

▶生活中平凡無奇的東西，有你不知道的故事！

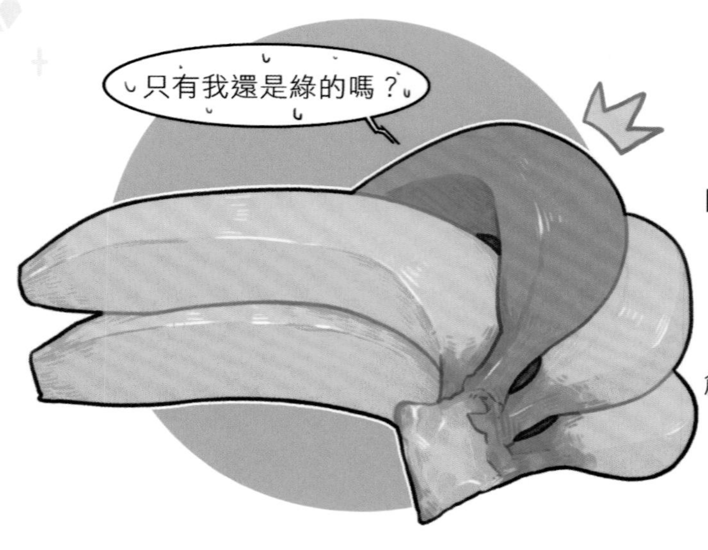

31. 如何快速「催熟」香蕉？

香蕉種植者會嚴格控制
香蕉出貨前的成熟度，
創造適合香蕉存放的環境條件，
以此來延長它們的保存期。

當我們把略帶青色的香蕉買回家後，
可以用一些簡單的辦法「催熟」它們。

①首先，將香蕉放入紙袋中

香蕉會釋放乙烯氣體，這是一種促進果實成熟的植物激素。
把香蕉放入密封的紙袋中可以提高香蕉周圍的乙烯濃度，促進香蕉成熟。

②加入已成熟的其他水果

在袋子中加入其他也能夠釋放乙烯的水果，

最好是選擇經過長期貯藏的蘋果、梨子、酪梨和柑橘等，
可以將它們切開，刺激其釋放更多的乙烯氣體。

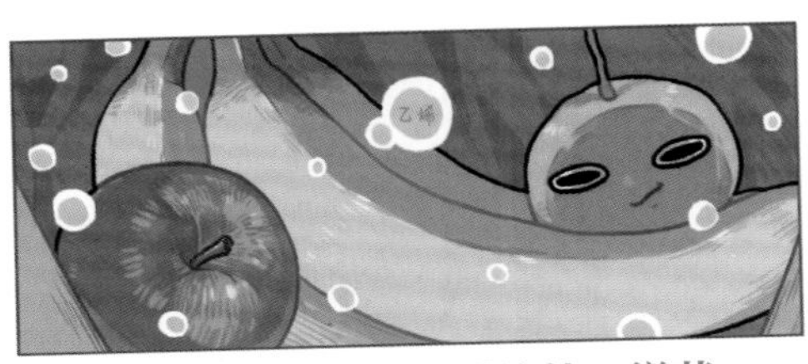

▶ 綠香蕉很快就會被「催熟」變黃

將這些水果和香蕉放在同一個袋子裡，
香蕉在幾個小時或一天之內就能快速「成熟」。

①其他香蕉也能催熟香蕉，但要使用完全成熟的香蕉，否則催熟效率不會太高。

②高溫能夠顯著加速香蕉的成熟。將香蕉放置在溫暖的角落，像是冰箱或火爐的上方，也能加快催熟的速度。

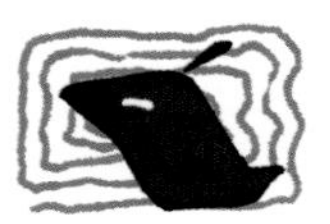

32. 西瓜的名字是怎麼來的？

西瓜是我們夏天必備的水果。
味道甜且水分豐富的西瓜，它的名字是怎麼來的呢？

比較有說服力的說法是西瓜來自西域，
原產地為埃及。

依據來自明朝科學家徐光啟的《農政全書》：
「西瓜，種出西域，故名。」

但是也有許多水果不符合「越酸等於含越多維生素 C」的認知。

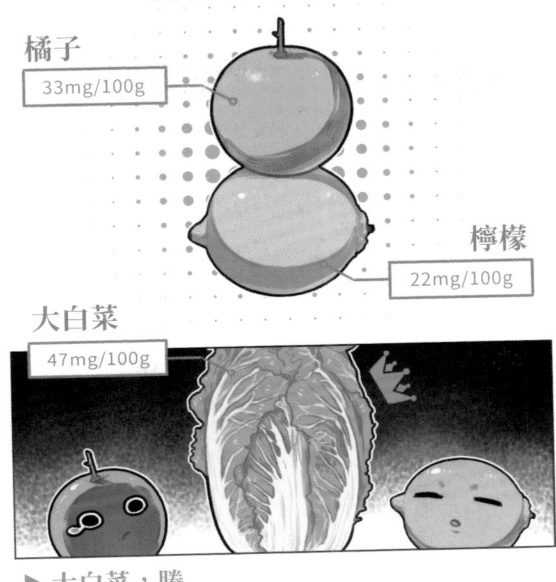

▶ 大白菜，勝

如同橘子和檸檬這些酸酸的水果，
它們的維生素 C 含量甚至不如同重量的大白菜。

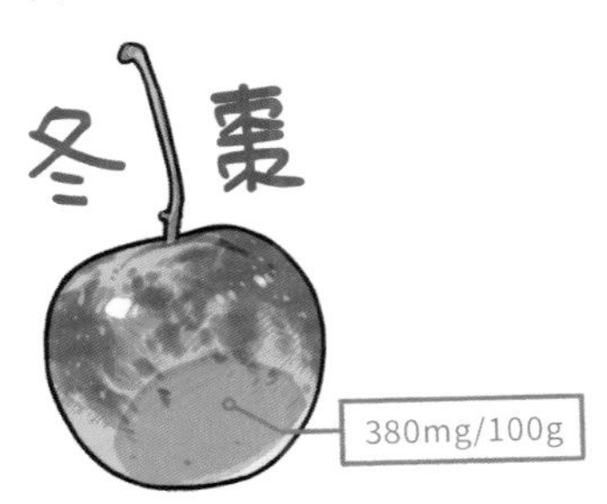

所以，水果的酸度跟其維生素 C 含量並沒有直接的關係。
像含糖量很高的冬棗，它的維生素 C 含量也非常高，
每 100 公克含有 380 ～ 600 毫克的維生素 C。

①水果味道是酸還是甜，這是由有機酸與糖的比例決定的。如果糖含量高於有機酸含量，那吃起來就甜甜的；反之，水果吃起來就會比較酸了。

②蔬菜中的維生素 C 含量也非常可觀，尤其是深綠色蔬菜和辣椒都能達到每 100 公克就有 70 毫克維生素 C 的含量。

34. 為什麼鳳梨最好先泡鹽水再吃？

在街上看到賣鳳梨的店家，
你可能會發現切好現吃的鳳梨很多會浸泡在鹽水裡。
你知道為什麼要這樣做嗎？

因為鳳梨中含有對人體有副作用的成分──鳳梨酵素。

鳳梨酵素是致敏物質，當它與口腔黏膜、牙齦等比較細嫩的部位接觸時，會分解掉部分皮膚上的蛋白質，使口腔表面出現灼熱、腫脹及酸痛感。

直接食用沒有泡過鹽水的鳳梨後，人們可能會出現
皮膚發紅瘙癢、口舌發麻，過量甚至會有嘔吐、腹痛腹瀉等症狀。

而食鹽能夠有效破壞鳳梨酵素的過敏結構，
讓鳳梨喪失致敏能力。

原本難以接近的鳳梨先生，
泡過鹽水以後——

變得甜美（好吃）了。

除此之外，用鹽水泡鳳梨還能分解掉一部分有機酸，
減輕鳳梨肉的酸味，讓鳳梨吃起來更甜。

①鳳梨中含有大量草酸會影響人體對鈣和鐵元素的吸收。鹽水能中和鳳梨的酸性，減少草酸對人體帶來的傷害。

②鹽水泡鳳梨的最佳時間長是半個小時。

35. 黃瓜的營養價值真的很低嗎？

黃瓜，原名叫胡瓜，在漢朝時期由張騫從西域帶到中原。
黃瓜深受「吃貨」喜愛，常見的料理有涼拌小黃瓜。

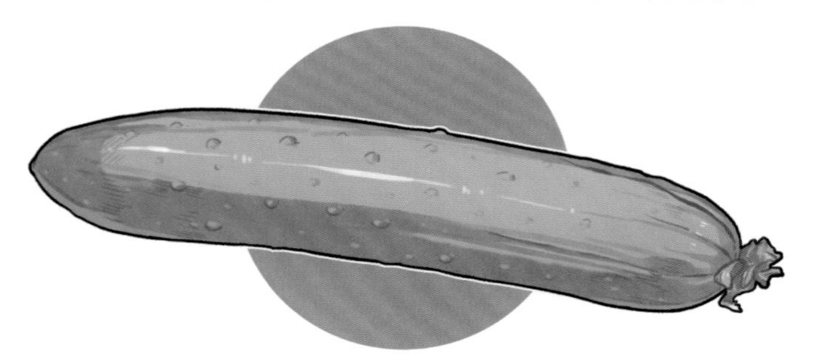

黃瓜含有大量水分，只有少量的碳水化合物和維生素 C。
因此黃瓜雖然好吃，但除了水分，幾乎沒別的營養可供人體吸收。

大部分蔬果的水分都在 80 ～ 90% 之間，
黃瓜的水分達到 90% 以上也不足為奇。

而且黃瓜還含有一種叫抗壞血酸氧化酶的物質，
會破壞和抑制人體吸收維生素 C。
這麼說來，黃瓜好像真的沒什麼營養價值呢。

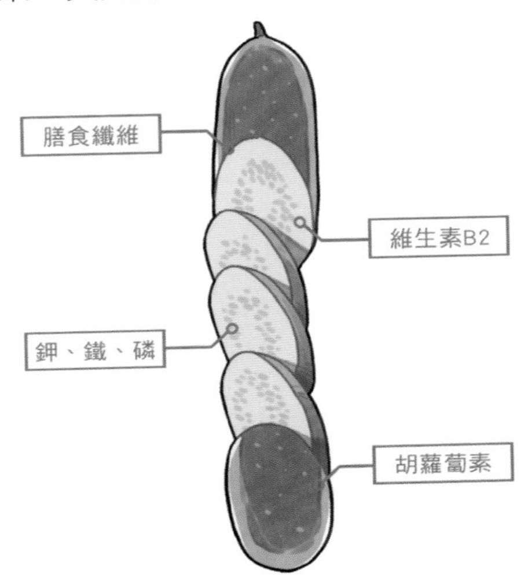

其實，蔬菜水果的營養價值主要表現在其膳食纖維和礦物質上，
像黃瓜含有豐富的鉀、鐵、磷等元素以及胡蘿蔔素，
所以它並不是真的沒有營養價值！

▶ 請不要再取笑黃瓜先生了！

黃瓜的熱量很低，對於高血壓、高血脂以及糖尿病患者是理想的蔬菜。
對於減肥的人來說，黃瓜熱量低又能增加飽足感，是減肥餐的必備蔬菜。

①黃瓜明明是綠色的，可是為什麼名字叫「黃瓜」？其實我們見到的綠色黃瓜是未完全成熟的，成熟的黃瓜真的是黃色的。

②黃瓜含有一種瓜氨酸物質，據知有助預防泌尿系統與血管問題。

36. 吃楊梅其實是「葷素搭配」？

楊梅酸甜可口，但大家總是說裡面有許多白色蟲子，
不容易清洗乾淨，所以雖然它看起來令人垂涎三尺，
但不少人想到裡面的蟲子就退避三舍。

沒錯，楊梅裡常常能看到小白蟲，
這可是楊梅天然的「葷素搭配」。

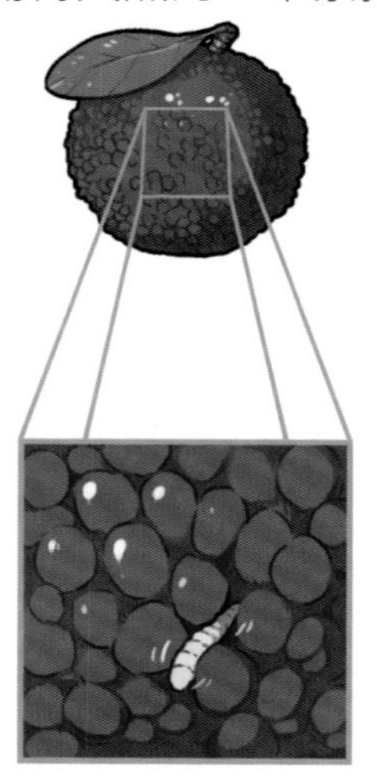

▶“葷素搭配”

楊梅裡的小白蟲是無害的，
小白蟲在各種成熟的水果上都可能出現，因為牠們是果蠅的幼蟲。

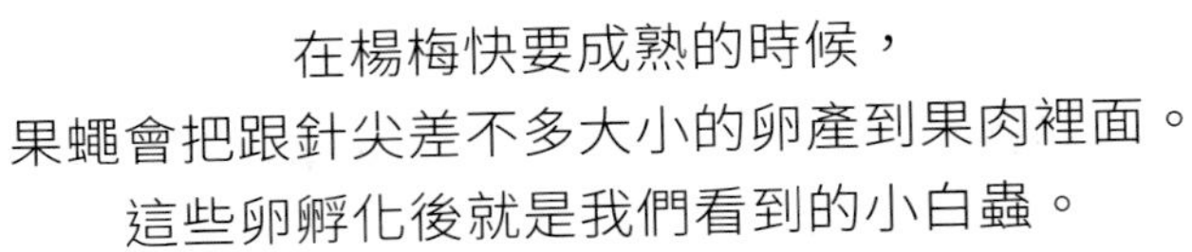
在楊梅快要成熟的時候，
果蠅會把跟針尖差不多大小的卵產到果肉裡面。
這些卵孵化後就是我們看到的小白蟲。

這些果蟲從小吃果肉長大，沒有毒、不致病，
也不用擔心牠進入人體後會寄生在體內。
因為牠們會被胃酸消化掉，不具備寄生人體的能力。

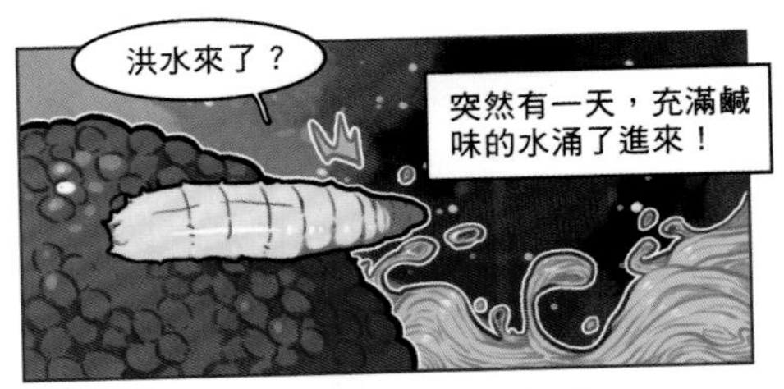

▶食用前可用鹽水浸泡楊梅

如果真的很在意這些蟲子，可以在食用前用鹽水浸泡楊梅。
通常只需要十幾分鐘就可以把裡面的小白蟲逼出來。

①楊梅果實中的鈣、磷、鐵含量要比其他水果高出十幾倍。

②如果吃楊梅後牙齒會酸痛，可以試著在吃楊梅前先咀嚼一些核桃仁，讓果仁在口中停留一會兒，再吃楊梅，牙齒就不會酸了。

37. 瑞士起司上為什麼會有孔洞？

起司，
是一種發酵的牛奶製品，
混合了獨特的酸味與
濃郁的奶香味。
它是純天然的食品，
含有豐富的蛋白質、
鈣和維生素等。

有些起司表面光滑平整，而瑞士起司卻有著許多大小不一的孔洞，人們稱之為「眼睛」。 為什麼瑞士起司會有這些孔洞呢？

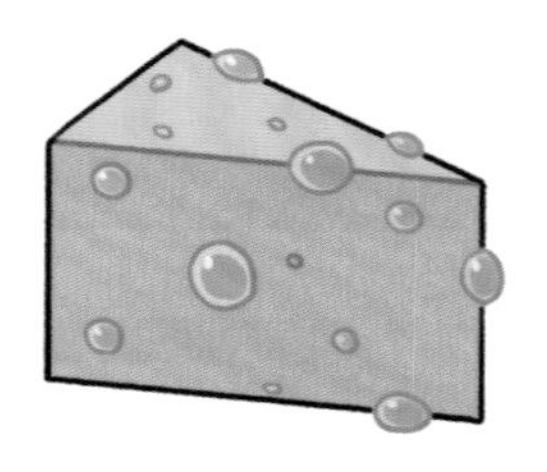

二氧化碳鼓起泡泡後形成孔洞

這些洞是費氏丙酸桿菌的傑作，在起司發酵時會產生大量二氧化碳，在起司內部撐開、形成一個個不相連的圓球形孔洞。

孔洞數量跟乳牛吃的草有關。
夏天，乳牛能吃到新鮮青草，產出的牛奶所做成的起司「眼睛」較少；
冬天，乳牛在飼養棚裡只能吃乾草料，這時候生產的起司「眼睛」較多。

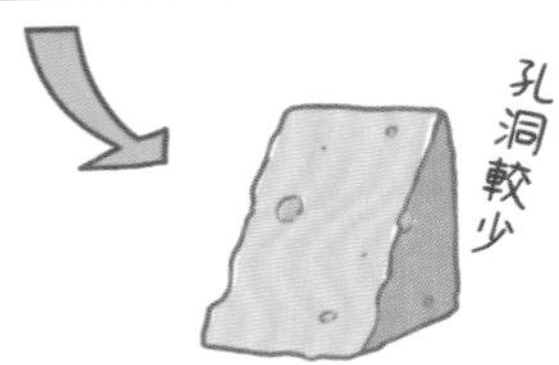

造成這種差異的原因是乾草會吸引二氧化碳附著。
費氏丙酸桿菌生產的二氧化碳和經由乾草進入牛奶中的二氧化碳，
結合在一起就會形成更多孔洞。

①十幾公斤的牛奶才能做出 1 公斤的起司；重達 90 公斤左右的起司，原料需要 1 公噸牛奶。這是因為起司的製作過程得要除去牛奶中的水分，所以需要大量的牛奶。

②法國的藍紋起司十分特別，表面有像藍色大理石般的黴菌紋路，味道辛辣而且氣味濃烈，讓許多人望之卻步。

38. 吃巧克力可以提升記憶力？

美國哥倫比亞大學醫療中心的神經學家發現，
巧克力中的一種抗氧化成分可以增強人類大腦的記憶功能，
減緩隨年齡增長而引起的記憶力下降。

研究人員挑選 37 名年齡為 50 ～ 69 歲、身體健康的成年人進行實驗。
A 組參與者飲用可可黃烷醇（巧克力中的抗氧化劑）含量較高的混合物，
B 組參與者則飲用可可黃烷醇含量較低的混合物。

在三個月之後進行記憶力測驗，A 組參與者的記憶力得到了改善，
他們的腦部海馬體中齒狀回細胞（與大腦記憶相關）的血液流量
比之前增強了 20%。

研究者認為黃烷醇有助於提高記憶力的原因有兩點：
一是它能夠促進腦部血液流動；
二是它能夠促進神經元訊息接收分支的生長。

多吃巧克力可以提升記憶力？理論上是沒錯，
但是巧克力裡的黃烷醇含量很少，要吃很多才能獲得上述實驗的效果，
而且攝入如此大量的巧克力足以損害人體健康。

①巧克力最初生長在亞馬遜盆地，是由可可樹的果實可可豆製作而成。在5,300年前，南美洲人就懂得製作巧克力飲料了。

②1847年，人們在巧克力飲料中加入可可脂，製成了可咀嚼的巧克力塊；到了1875年，瑞士發明了製造牛奶巧克力的方法，因此有了現在我們熟知的巧克力。

39. 不吃東西也能抵禦饑餓感的方法

你知道嗎，有時候我們覺得餓不一定是真的餓了，
可能是無聊和嘴饞所致。

如果你正在控制體重或減肥中，不想吃東西，
但是又想抵禦饑餓感，可以試試這些方法：

①喝水或茶

水能填充胃部，緩解饑餓。
隨身帶保溫瓶，餓的時候喝兩杯水，
尤其是熱茶，更能增添飽足感。

②聞香水或花香

有研究證實：聞一聞跟食物無關的氣味，
像茉莉花味道，能有效降低食慾。

③刷牙

牙膏的味道也能抑制食慾，餓的時候可以試試去刷牙。

不過，要是真的餓得肚子咕嚕咕嚕叫了，
就趕快吃點東西吧，不要把胃餓壞了！

①嚼口香糖或薄荷糖會增加唾液和胃酸分泌，但這可能會讓人感覺更饑餓。

②研究證實：早餐吃得好和吃得飽，能夠讓人一整天不饑餓。早餐需要搭配均衡的脂肪、蛋白質和碳水化合物等營養物質。

40. 番茄醬原本是一種藥物？

番茄醬在西餐是常見的調味料，酸酸甜甜的，深受大眾喜愛。
但是最早的番茄醬並不是調味料，而是一種藥物。

在 19 世紀初期，番茄醬是作為藥物在市面銷售的，
它曾在戰爭年代發揮醫療作用。

根據現代醫學研究證明，
番茄醬可以有效降低人體低密度脂蛋白膽固醇的含量，
進而降低罹患心臟病和中風的風險。

番茄醬在成為調味料之前，只有兩種味道：苦味和鹹味。

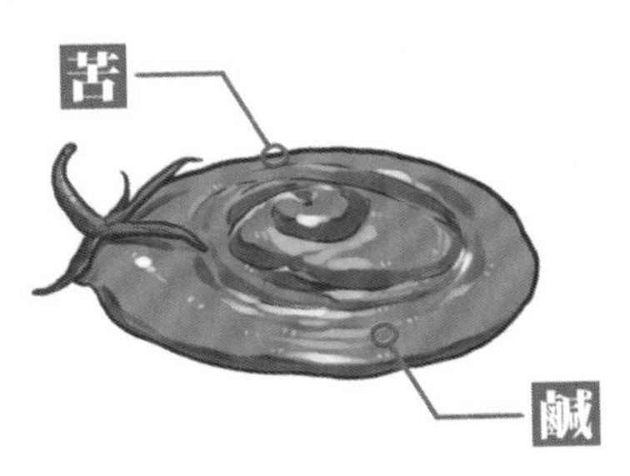

改用成熟的番茄並加入更多番茄果肉後，
番茄醬有了酸甜的滋味。

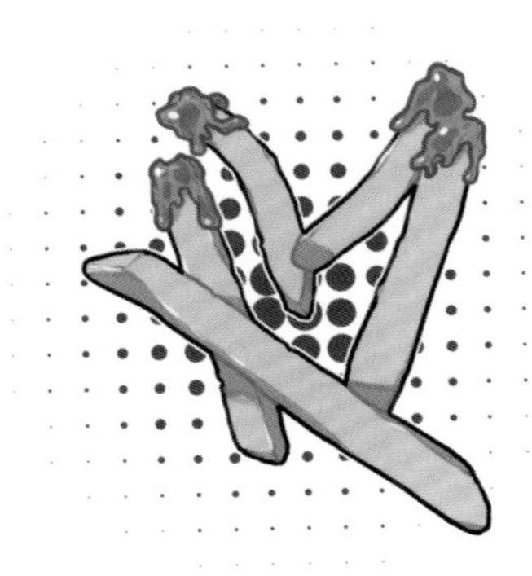

經過這樣的改良後，番茄醬才成為如今受歡迎的調味料。

①番茄剛引進歐洲種植時，歐洲人有很長一段時間都把番茄當作觀賞植物，不敢試吃。

②番茄植株中含有兩種有毒的生物鹼——去水番茄鹼和番茄鹼。不過番茄的毒素主要存在於根莖和還沒成熟的果實中。成熟的番茄內生物鹼含量很低，不會對健康造成危害。

41. 喝酒會醉，喝茶也會醉？

不僅喝酒能把人喝醉，喝茶也能「醉」人。

人發生「茶醉」的情況通常是因為空腹喝茶，
或飲用過濃、過量的茶所致。

茶葉中含有多種生物鹼，其中主要成分是咖啡鹼，
它在茶葉中的含量占比約 2 ～ 5%。
咖啡鹼有使大腦神經中樞興奮和促進心臟機能亢進的作用。

飲茶過濃、過量，攝入大量咖啡鹼，人就容易「茶醉」。
心悸、頭暈、精神恍惚，伴隨饑餓感，這些都是「茶醉」的症狀。

發生「茶醉」時不用緊張，可以立刻吃些飯菜、甜點或者糖果，
這些都可以有效緩解。

①「茶醉」除了因咖啡鹼引起外，還因為茶中含大量茶多酚。暴飲濃茶會妨礙胃液的正常分泌，進而影響食物消化，出現「茶醉」的症狀。

②「茶醉」症狀嚴重的話會引起肌肉顫抖、心律不整，甚至昏厥、抽搐。這是中樞神經系統發出的危險訊號，這時候必須立即送醫搶救。

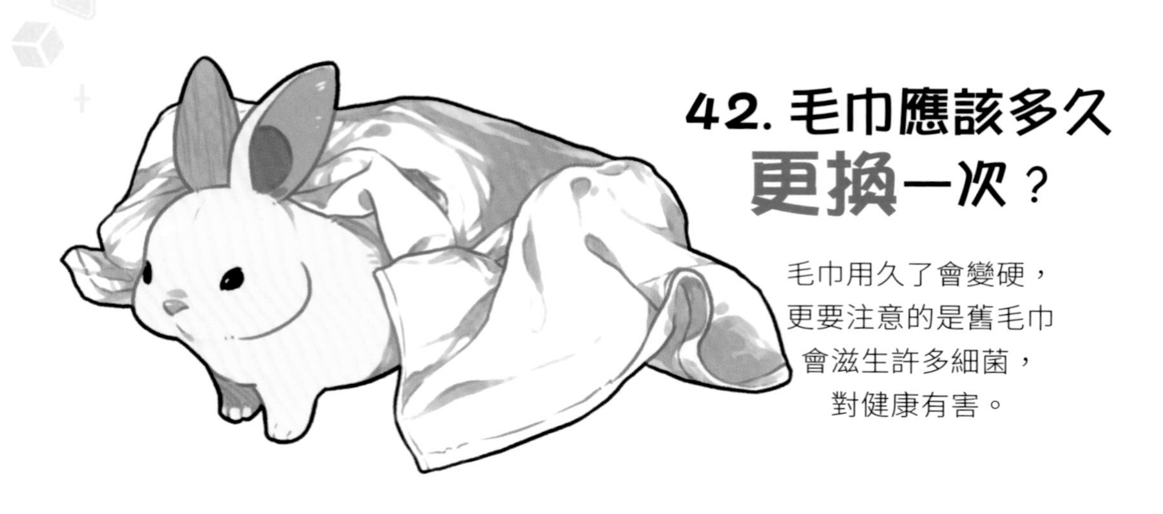

42. 毛巾應該多久更換一次？

毛巾用久了會變硬，
更要注意的是舊毛巾
會滋生許多細菌，
對健康有害。

實驗證明，錢幣、床上用品和毛巾類產品
是傳染性疾病的三大間接傳播媒介。
為什麼毛巾容易滋生細菌呢？

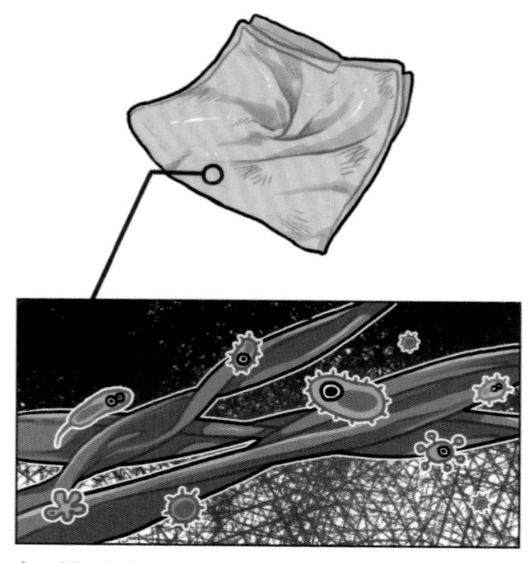

▶ 棉纖維容易滋生細菌

毛巾用純棉紗製成，棉纖維是管狀結構，含有中空的胞腔，能儲存水分，
但也正因為這個特性而容易滋生細菌。

細菌最喜歡溫暖潮濕的環境，而毛巾長期是溫濕狀態，
加上人體皮膚上的油脂、皮屑，還有空氣中的灰塵等堆積在毛巾上，
久而久之，毛巾便成了細菌繁殖的溫床。

使用這樣的毛巾擦拭皮膚，不僅沒有清潔作用，
反而會堵塞毛孔，引起皮膚問題。

三個月就要更換

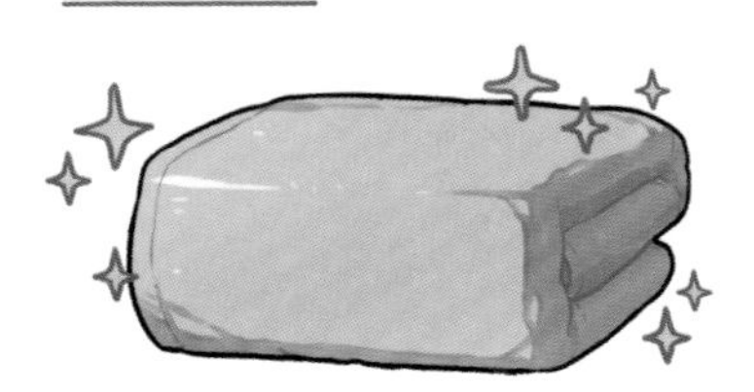

所以，必須定期清潔使用過的毛巾並及時更換新毛巾。
就跟牙刷的使用週期一樣，毛巾的使用期限最長不應該超過三個月。

①毛巾是纖維織物，一旦使用時間長了，深入纖維縫隙內的細菌便難以清除。清洗和晾曬只能在短時間內控制毛巾上的細菌數量，並無法將細菌徹底清除乾淨。

②長時間使用的毛巾為什麼會滑溜溜的？這是因為毛巾沾染我們臉部、身上的油垢，慢慢累積而成的。

43. 廢棄電池應該怎麼處理？

電池主要分為一次性電池和充電電池。

一次性電池主要包括碳鋅電池、鹼錳電池、鋰電池等；
而充電電池主要包括鎳鎘電池、鎳氫電池、鋰離子電池等。

電池中含有汞、鎘、鉛等重金屬物質，
要是隨意遺棄廢電池，電池外殼在風吹日曬下便會腐蝕損壞，
一旦內部化學物質外流，重金屬物質就會透過土壤、河水擴散，
造成環境污染。

食用受污染的土地生產出來的農作物或是飲用受污染的水，
這些有毒的重金屬就會進入人體內沉積下來，危害人類健康。

▶ 一顆廢電池能徹底污染一平方公尺的土地

處理廢棄電池最好的方法是把它們收集起來，
投入環保局的資源回收車，或者交給專門處理舊電池的回收站。

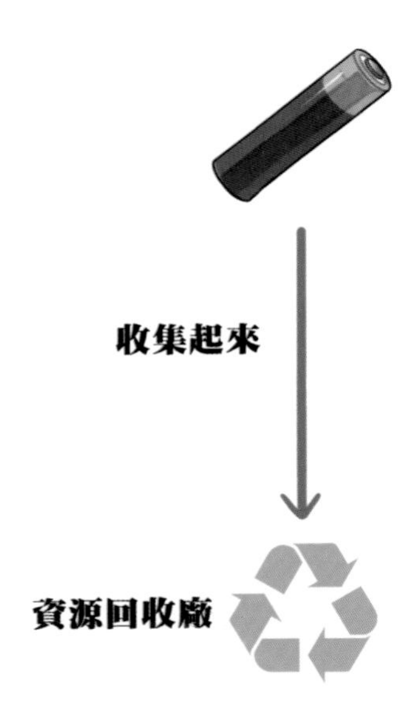

盡量使用充電電池而非一次性電池，
這樣就能減少廢電池數量。

①沒有用過的新電池不要充滿電，保留 50～90% 的電量就好，方便長期儲存。若是充滿電卻長時間不使用，就會大大縮短電池的壽命。

②普通電池的保存期限一般是一年，鹼性電池是三年。電池的品牌不同，保存期限也會不同。

44. 為什麼塑膠椅中間會有個小孔？

許多人家裡都有這種塑膠椅。
大家有沒有留意到它們中間都會有一個「洞」，
這是為什麼呢？

這些「洞」是為了方便搬運時的堆疊而設計的。

當一堆塑膠椅疊在一起時，
它們接觸的空間是密閉的，如果沒有這個洞透氣，
疊在一起的塑膠椅會因空間內外的氣壓差而互相吸緊，難以拉開。

另一個原因是為了防止凳子裂開。

我們坐上去後，塑料凳子受重會伸展開來，看上去很不穩定。
中間有個圓孔就能夠分散一些作用力，
防止塑膠椅裂開，使其平衡性更好。

①漢朝之前，人們的生活中沒有這樣可以垂足而坐的坐具，通常把茅草、樹葉、獸皮等製成的席子鋪在地面，席地而坐。

②宋朝以後，凳子愈來愈普及，成為一種常見的坐具，叫做杌凳，意思是沒有靠背的坐具，和「椅子」不同。

45. 厚玻璃杯遇熱水更容易破裂？

在寒冷的冬天，若往玻璃杯中倒熱水，
杯壁厚的杯子會更容易破裂，這是為什麼呢？

因為玻璃杯在常溫下是涼的，倒入熱水後，
由於熱脹冷縮的特性，玻璃會迅速膨脹。

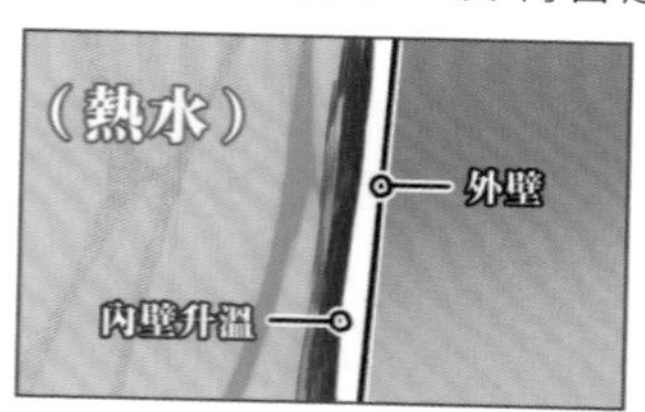

但玻璃是熱的不良導體，如果杯壁很厚，內壁的高溫無法很快的傳到外壁，
導致內壁膨脹而外壁不膨脹，於是玻璃杯就會發生破裂。

▶薄玻璃杯導熱快，不易破裂

若往杯壁薄的玻璃杯倒入熱水時，
由於內外壁傳熱速度較快、溫差小，所以不容易破裂。

防止厚玻璃杯破裂的方法：

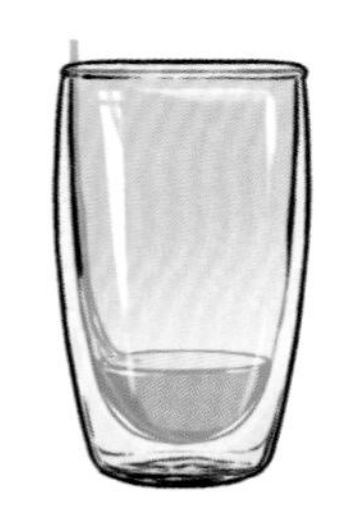

①慢慢倒入熱水

②晃動杯子、均勻受熱

如果我們倒熱水時慢慢、少量地進行，
同時不斷晃動杯子使杯壁裡外受熱均勻，
就能有效地避免厚玻璃杯受熱後破裂。

①玻璃杯表面光滑，容易清洗，細菌和污垢不容易在杯壁滋生，所以用玻璃杯喝水是比較健康且衛生的。

②玻璃沒有固定的熔點，而是在某個溫度範圍內逐漸被軟化。它在軟化的狀態下，可以製成任何形狀的玻璃製品。

46. 打破了水銀溫度計該怎麼處理？

在電子溫度計出現之前，人們使用的是水銀溫度計。
它由玻璃製成，內有隨體溫升高的水銀柱。

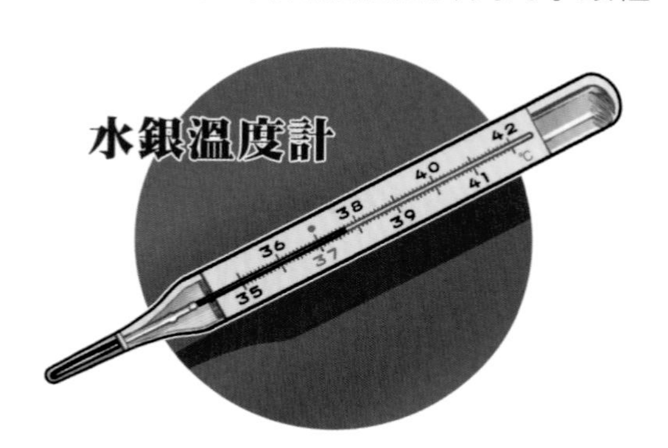

一支水銀溫度計含汞（水銀）約 1 克。
要是打破了，外漏的汞會全部蒸發，
可使一間 15 平方公尺大的房間內，空氣中汞濃度達到每立方公尺 22.2 毫克。

人待在汞濃度為每立方公尺 1.2 ～ 8.5 毫克的環境中很快就會汞中毒。
所以，如果你在測量體溫時不小心將水銀溫度計打破了，
一定要謹慎地處理。

那麼應該怎麼處理打破的水銀溫度計呢？
首先要打開屋內的門窗保持空氣流通，避免中毒。

開窗通風，然後找出膠帶！

千萬不要用手去碰水銀，而是用膠帶（或類似有黏性的貼紙）
一點一點地把水銀黏起來，摺疊包住，交到專業廢棄物機構去處理。

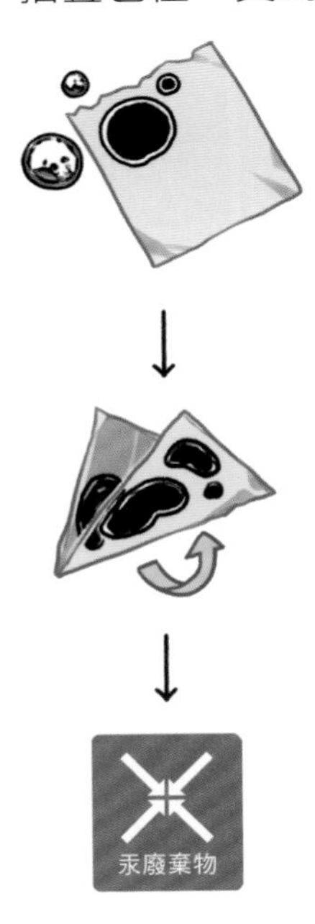

最後，再仔細地檢查一下地板和周遭是否還有水銀殘留。
如果家裡有硫黃粉，可以往受污表面撒上一點。

①考慮到水銀溫度計中汞的危害，許多國家已經採取禁止措施。早在 1992 年，瑞典就已禁止銷售所有含水銀的醫療設備。

②1956 年發生在日本水俣的汞污染事件，是最早出現的因工業廢水排放污染造成的公害病。

47. 下午摘的玫瑰不容易枯萎

玫瑰是薔薇科薔薇屬植物，
現代人習慣將薔薇屬一系列花大艷麗的栽培品種統稱為「玫瑰」。

玫瑰的原產地是中國，在古漢語裡「玫瑰」一詞原意指「紅色的寶石」。
有一種觀點認為，「玫瑰」成為花名是在西漢張騫出使西域，
帶回西域突厥薔薇之後發生的。

路過玫瑰花田，有人喜歡摘下一朵玫瑰花做紀念，
但是摘下的花總是很快就枯萎凋謝了。

如果你希望花瓶裡的玫瑰可以盛開得久一些，
不妨選擇下午摘玫瑰，會比清晨摘下的生命力更持久。

這是因為下午的玫瑰由於經歷了整個白天的陽光照射，
植株體內的二氧化碳濃度比較低，處於中性或者弱鹼性的狀態。
這樣的玫瑰比較不容易腐敗，植株內的花青素等色素也不容易遭到破壞。
所以，下午摘下的玫瑰可以保存得更久。

①真正的玫瑰花，通常不會出現在花店裡，觀賞價值不如月季高，顏色也比較單調。現在種植玫瑰主要用於食用、泡茶、製作昂貴的玫瑰精油以及藥用。

②英文單詞「rose」不僅指玫瑰，更是囊括了所有薔薇屬的植物。常見的月季、玫瑰、薔薇就是薔薇科薔薇屬植物中的三種「姐妹花」。

48. 人類的第一杯奶茶是什麼味道？

奶茶是如今最受年輕人歡迎的飲料之一，口味、款式多到讓人記不住。

人們喜歡喝奶茶很可能是因為它的味道香甜。不過，歷史上第一杯奶茶可不是甜的，而是鹹的，它就是酥油茶。

酥油茶

根據歷史記載，唐朝時期的吐蕃人最早將奶和茶結合起來。他們將從中原引進的鹽煮茶葉和當地的酥油混在一起，成了如今耳熟能詳的西藏特色美食——酥油茶。

酥油茶就是鹹味的，因為在許多有關茶文化的資料文獻中都只能找到酥油茶加鹽的記載，沒有發現加糖的茶。

往茶裡加鹽也的確更符合游牧民族的健康需求。

猛男就是要吃鹹味的茶葉！

17 世紀，亞洲茶文化傳到西方國家，西方人不習慣鹹味的茶，於是在茶中加入牛奶和楓糖，甜味的奶茶才因此誕生。

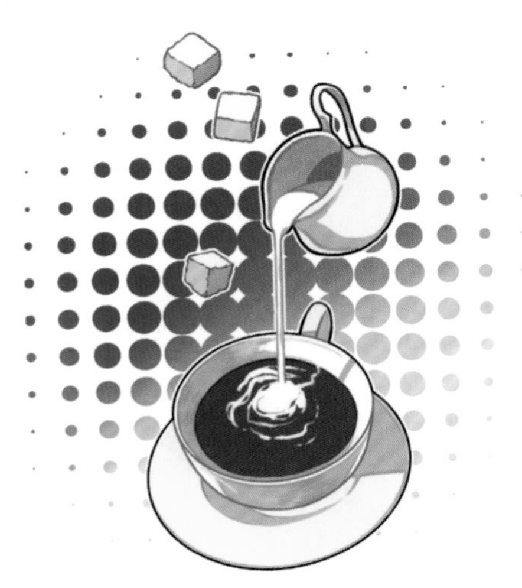

西方甜味奶茶

大眾更喜歡甜味的奶茶，因此甜味奶茶在世界各地傳播開來，漸漸成為一種時尚飲品，也衍生出各種口味。

①酥油是藏族食品的精華，類似黃油的一種乳製品，它是從牛奶、羊奶中提煉出的脂肪。

②製作港式奶茶時，是用茶葉放在濾網裡沖泡。而過濾茶渣用的白布袋被茶水反覆浸泡就會變成淺咖啡色，看久了有點像絲襪，港式奶茶因而得名「絲襪奶茶」。

49. 咖啡粉裡可能混有蟑螂？

英國有一名醫生在自己的社交媒體上宣稱，
咖啡粉中通常含有一定比例的蟑螂和其他生物殘骸。

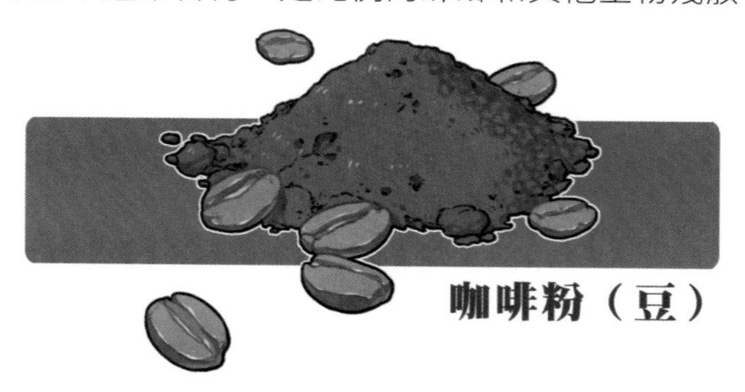

這是因為咖啡豆的原料通常會吸引蟑螂或其他昆蟲生物混入其中。
由於牠們很難被清理乾淨，還是有可能跟著咖啡豆一起烘烤，然後一起磨碎。

於是，市面上售賣的咖啡粉有些可能殘留了一定比例的「蟑螂粉」……

雖然這對喜歡喝咖啡並且討厭蟑螂的人來說有如晴天霹靂，
不過，有些咖啡粉中確實可能存在混有極少量昆蟲殘骸的情形。

▶ **這是咖啡粉附贈的“蛋白質”**

這些昆蟲殘骸的蛋白質含量很高，也不會對人體健康造成危害。

不過，如果發現自己是對蟑螂過敏的人，還是留意一下咖啡粉吧！

①一些咖啡加工業者因為經常接觸咖啡豆，會產生「蟑螂過敏症」。

②品質好的咖啡會有一股咖啡的香氣，而不好的咖啡則可能會有不好的氣味，但是大部分是烘培時間過長的焦味。

50. 短毛貓和長毛貓哪一種掉毛更嚴重？

糾結貓咪掉毛問題的人可能會想知道，
短毛貓和長毛貓哪一種掉毛更嚴重？

很多人可能會直覺地認為長毛貓掉毛一定比短毛貓更嚴重，
但實際情況卻正好相反。

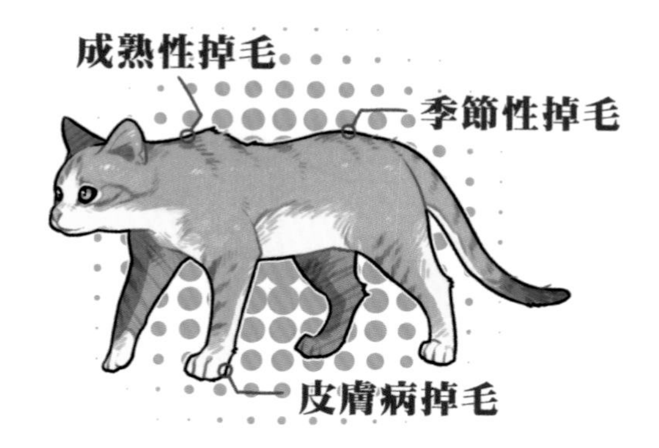

首先，我們要了解貓咪掉毛主要有三種情形：
成熟性掉毛、季節性掉毛和皮膚病掉毛。

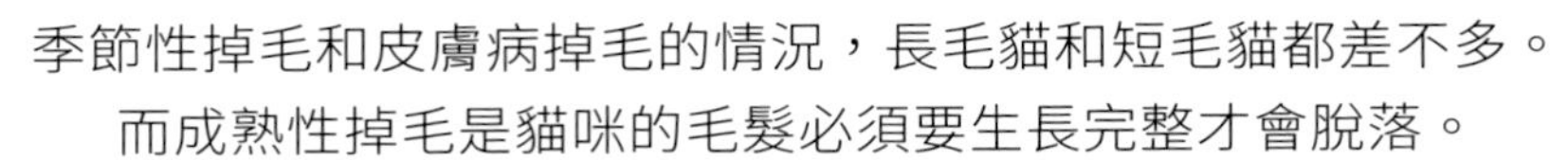

季節性掉毛和皮膚病掉毛的情況，長毛貓和短毛貓都差不多。
而成熟性掉毛是貓咪的毛髮必須要生長完整才會脫落。

長毛貓的毛髮脫落週期比短毛貓的更長，
那麼，相同時間裡長毛貓脫落的毛髮量自然會比較少。

▶**短毛貓掉毛量比長毛貓的還要多**

雖然長毛貓掉毛的情況比短毛貓的好一些，
但「鏟屎官」應該更加關心長毛貓毛髮打結的問題，
平時要經常幫牠梳理毛髮。

①在貓咪季節性換毛期間，不論是長毛貓還是短毛貓都會「瘋狂」掉毛。

②斯芬克斯貓是特意為貓毛過敏的愛貓者培育出的無毛貓。這種貓是自然基因突變產生的寵物貓，除了部分有些薄且軟的胎毛外，其他部位均無毛，皮膚皺巴巴但有彈性。

小劇場 03
火龍果與仙人掌

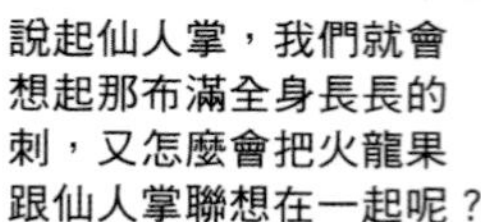

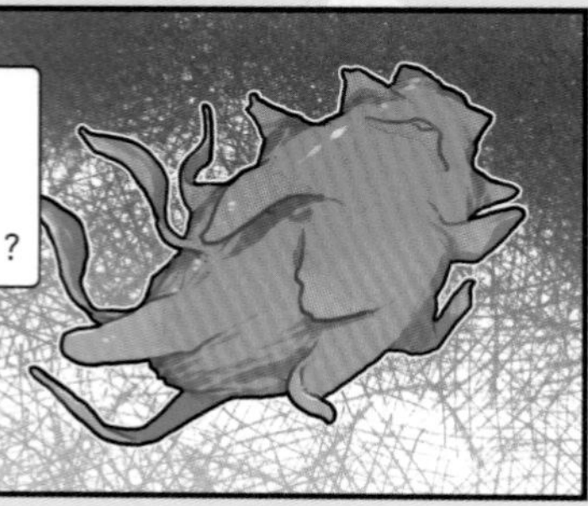

成熟的小黃瓜是黃色的

我們平常吃的小黃瓜一般是綠色的，口感清脆。

但它叫「黃瓜」是因為成熟的黃瓜不是綠色的，而是黃色的。

古時候黃瓜叫作「胡瓜」，現在也有人叫它「青瓜」。

小劇場 04
腰果其實長這樣

腰果是受歡迎、好吃的堅果，原產地是南美洲的巴西，在中國廣東、廣西、雲南、海南、台灣也有種植。

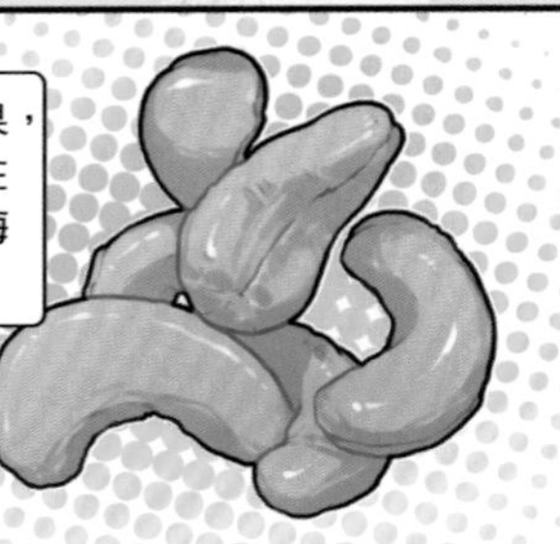

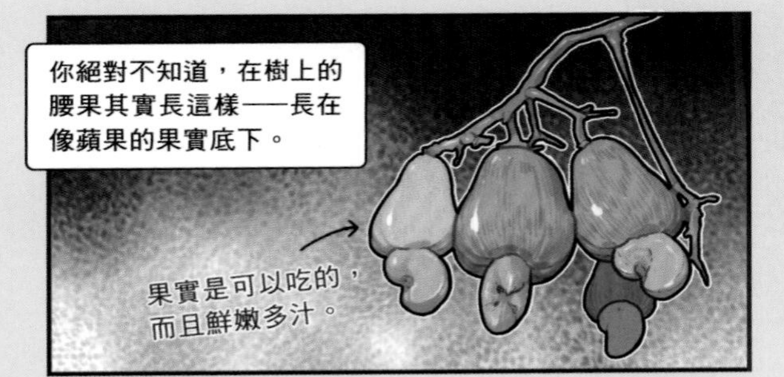

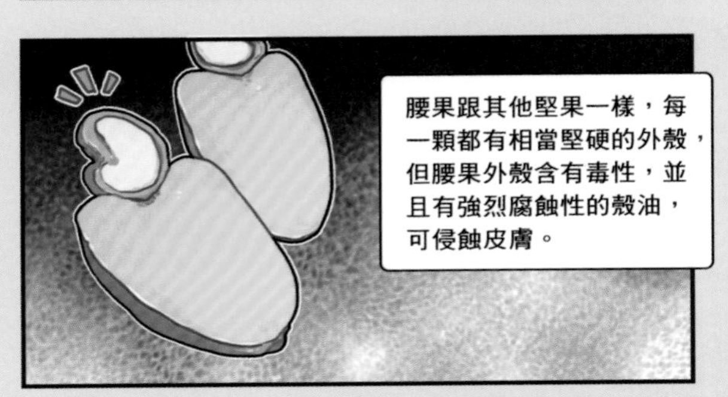

因此，腰果必須經過特別精細的去殼加工後，才能在市面上銷售。

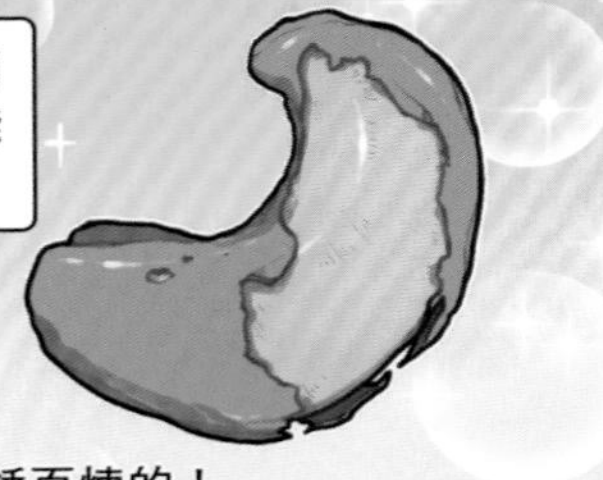

看來美味是要經過千錘百煉的！

花生到底算不算堅果？

許多人以為花生跟核桃、開心果、杏仁等都屬於堅果類，其實不是的。

花生不屬於堅果，而是一種豆科植物。它的同類包括小扁豆、四季豆和大豆等。

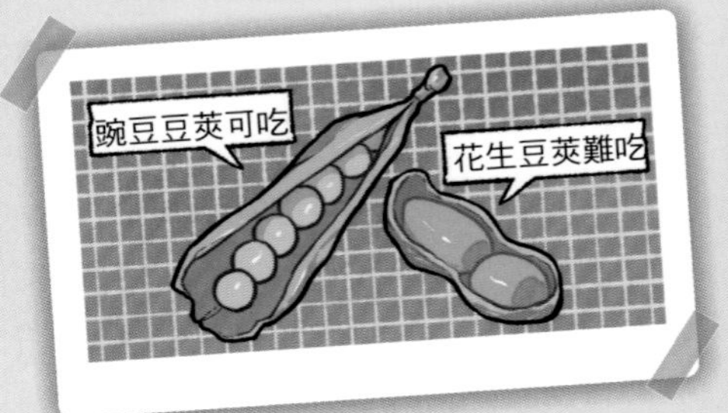

花生有豆類的特點。它的種子生長在豆莢的內部，花生的豆莢也是可食用的，雖然又乾又硬……

看貓眼來推斷時間

第三章

撥開迷霧

▶跨越時空的重重迷霧，等你撥開！

51. 民間傳說裡代表水災的神獸

夫諸在古代神話傳說中，
為長著四隻角的白鹿，屬於神獸。

傳說牠溫柔潔淨，喜歡四處玩鬧，
但牠出現的地方必定遭遇洪水，
所以古代人認為牠是水災的兆星。

夫諸出自《山海經·中山經》：
「有獸焉，其狀如白鹿而四角，名曰夫諸，見則其邑大水。」

傳說中，夫諸獨來獨往，牠走過的路都鋪滿金磚和玉石，
所以腳不沾土，一塵不染。

▶ **發現了致富的密碼**

古人認為牠隱沒在山林或寒冷的地方，
只有到了月圓之夜才會現身。

①純白色的鹿相當罕見，而白色像鹿的動物只有中國東北地區的馴鹿。《山海經》中的夫諸，如果非要找一個現實中的原型，很有可能就是馴鹿。

②《山海經》中代表火災的神獸是畢方。據記載，畢方長得像鶴，但只有一條腿，藍色的羽毛上有紅色斑紋，嘴為白色。

52.《山海經》的九尾狐是瑞獸還是妖獸？

九尾狐是歷史悠久的異獸，牠出自《山海經》，裡面這麼形容：「青丘之山，有獸焉，其狀如狐而九尾，其音如嬰兒，能食人，食者不蠱。」

九尾狐現在多以妖獸形象出現在影視作品中，但牠從瑞獸形象變成如今的妖獸，可是經歷了一段漫長的演變過程。

九尾狐乃帝王之兆！

九尾狐在先秦時已有吃人的形象，到漢代轉為瑞獸形象，象徵多子多孫、吉祥以及帝王之兆。

後來，九尾狐食人的形象與日俱增，而且增加了魅惑的屬性，
不僅如此，在元朝更成了奸詐的代名詞，
於是九尾狐就日漸成了妖獸。

▶ **快跑！九尾妖狐會吃兔兔**

明朝的《封神演義》裡九尾狐狸精化身禍國殃民的妲己，
將狐妖媚人的觀念推向極致，自此九尾狐成了狐妖之最。

就這樣，九尾狐由瑞獸形象演變成了現在的妖狐形象。

①有人分析，神話中出自青丘的九尾狐在現實中是有動物原型的，「九尾」的「九」可能是「大」的意思，那九尾狐可能指一種大尾巴的狐樣生物。不過或許早已滅絕。

②《閱微草堂筆記》中記載的「貞狐」通常指的是狐狸精，也就是專門做壞事的妖狐。

53.《山海經》裡有可愛的異獸嗎？

《山海經》記載了許多神祕詭異的異獸，
幾乎全是長相奇特的，
難道就沒有長相可愛的異獸嗎？
有的，就是名叫犰ㄑㄧㄡˊ狳ㄩˊ的異獸。

《山海經．東山經》中記載：
「余峨之山……有獸焉，其狀如菟ㄊㄨˋ而鳥喙，鴟ㄔ目蛇尾，
見人則眠，名曰犰狳，其鳴自訆ㄐㄧㄠˋ，見則螽ㄓㄨㄥ蝗為敗。」

大意是余峨山中有一種野獸，外形像兔子，有鳥嘴、鷹眼和蛇尾，
看見人就會立刻躺下裝死，只要牠現身就會有蝗蟲禍害莊稼。

這個異獸犰狳與如今真正的犰狳不是同一種生物。
不過，《山海經》中對犰狳的描述，
除了沒有鎧甲，其他特徵跟真正的犰狳倒是很相似。

也許《山海經》裡的妖怪異獸，在古代都有真實存在的原型呢！

①《山海經》中還記載了一種可愛的異獸，叫鮀鼠，長得像老鼠，有著紫色的羽毛翅膀，性格怯弱，遇到敵人會用翅膀掩住臉部。

②《山海經》裡記錄的不僅有千奇百怪的異獸，還有更多聞所未聞的國家、人物、風俗、山形、水勢等，是內容繁雜可媲美百科全書的重要古籍。

54. 玉兔搗的是什麼藥？

玉兔又叫月兔，
是古代神話傳說中的神獸。
傳說牠住在月亮上，
在廣寒宮裡負責搗藥。
民間傳說玉兔是
嫦娥的化身或寵物。

玉兔全身潔白，拿著玉杵跪地搗藥，搗出「蛤蟆丸」。傳說中，蛤蟆丸是長生不老的仙丹，它裡面有什麼成分呢？

漢代桓寬著的《鹽鐵論》中提到「仙人食金飲珠，然後壽與天地相保」，可見仙丹裡面含有金屬物質。

《神農本草經》的記載更證實了，
古人所煉製的多數「仙丹」裡都有一些玉石成分。

其中被列為上品、可煉成仙丹的物質有：
玉泉、丹砂、水銀、空青、白石、黑石脂、雄黃等，
多達 21 種，其中不乏含有劇毒的物質。

▶要不要來一顆長生不老「蛤蟆丸」？

看來古代人的「仙丹」大多是一些含有重金屬、劇毒成分的「毒藥」，
人吃了，非但不能長生不老反而會折壽。
這麼說來，玉兔在月亮上搗的很可能是毒藥啊……

①古代有兩位著名的想求得長生不老的帝王，一個是秦始皇，另一個是漢武帝。他們都沒有長生不老，但他們追逐仙丹和長生不老的行為影響了許多帝王，使他們紛紛效仿。

②根據學者研究，古人認為吃了仙丹可以成仙，是因為仙丹中的一些化學物質會令人產生飄飄欲仙的幻覺。古人以為這就是成仙過程中的感覺。

55. 二郎神的嗥天犬是什麼品種？

說到長有三隻眼、帶著狗的神仙，
我們都知道那是二郎神楊戩。
傳說裡，嗥天犬一直跟隨在二郎神身邊，
是他的得力助手。

嗥天犬不僅忠誠、可靠，還善戰。
《西遊記》裡出現的所有神獸中，嗥天犬是獨一無二的。

那麼嗥天犬究竟是什麼品種、什麼顏色的狗呢？

從《封神演義》和《西遊記》中對哮天犬的描述來看，
牠是一隻白色的細犬類動物。

細犬是中國特有的一種優秀獵犬。
細長的身體和流線型身形使牠非常善於奔跑。

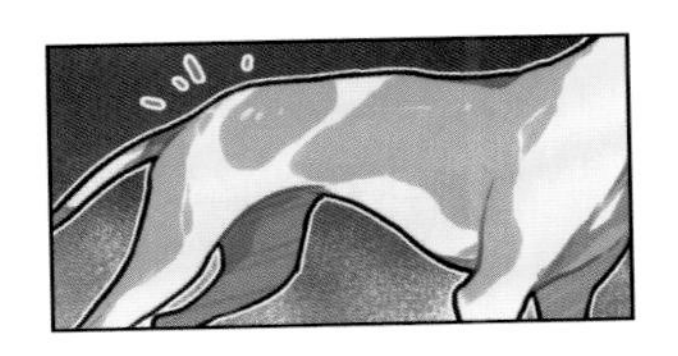

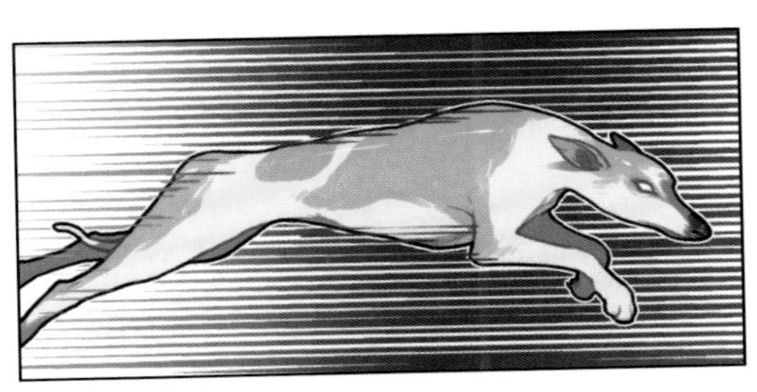

▶ **細犬的奔跑速度是每小時60公里**

細犬分為三種，分別是山東細犬、陝西細犬、蒙古細犬。
細犬的原產地就在山東，所以，哮天犬很有可能是山東細犬。

①《封神演義》裡每次描述楊戩放出哮天犬都是「祭起哮天犬」，可想而知，哮天犬就像一件法寶，不僅可以隨身攜帶，不使用的時候還可以收起來，並不是一直都以狗的形象跟在楊戩腳邊。

②山東細犬是中國古老的狩獵犬種，又分為長毛品系和短毛品系。長毛品系又叫幡子，主要分布在山東聊城；短毛品系又叫滑條。

56. 古代的口紅是用什麼製成的？

在古代，口紅稱為唇脂，有膏狀的也有粉狀的。
粉狀唇脂是將色素塗在紙的兩面，用嘴唇抿紙後顏色便染在唇上。

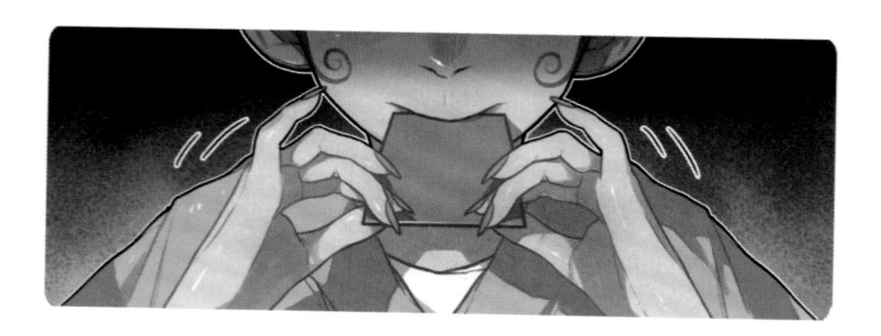

製作胭脂和唇脂的常用原料是一種中草藥——紅花，
它在古代叫作紅藍花。

脣脂原料——

紅藍花

紅藍花的花瓣是鮮艷的橙紅色，含有紅色素和黃色素。
黃色素溶於水，而紅色素不溶於水。

古人搗爛紅藍花，過濾掉黃色的汁液後，
將搗爛的紅藍花製成餅狀，隨後放在陰涼處陰乾。

過濾出黃色素，留下紅色素

陰乾後再加水浸泡，反覆過濾，
直到過濾出的汁水呈紅色為止。

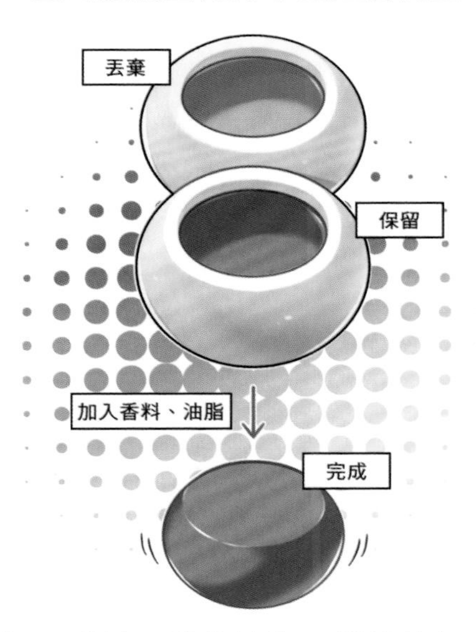

最後加入香料、動物油脂，攪拌均勻成膏狀，
就跟我們今天見到的口紅非常相似了。
在古代，膏體唇脂也可以當胭脂來使用。

①古人常用來製作唇脂的另一種植物是紫草。紫草也是一味中藥，有清熱涼血、抑菌消炎的功效。它的根部呈暗紫紅色，在古代作為染料而被廣泛使用。

②唐玄宗的女兒永樂公主是美妝達人。她自製過多種化妝品。為了研製化妝品，她還專門開闢了一個種植各種香料、香花的園圃，裡面光是能夠用來製作口紅的植物就有二、三十種。

57. 古代哪種顏色的顏料最珍貴？

紫色的顏料在古代是非常珍貴的，
因為紫色在自然界比較少見。

如果我們仔細觀察身邊的植物和動物，
會發現顯眼的紫色的確少見，
所以人們想要提取紫色顏料是非常困難的。

在古代，人們得從茈草（紫草）根部和紫膠蟲中獲得紫色顏料。

用茈草染色比較困難，往往要反覆漂染十幾次才能著色。
因此紫色衣料在古代是十分貴重的，也因此成了象徵高貴的顏色。

紫色也是古代歐洲最貴重的顏色，
因為，那時候的歐洲人需要從一種叫作骨螺的貝殼裡提取紫色。
骨螺的腺體中有一種特殊物質，取出後塗抹在布料上，
經過日曬，會由黃色逐漸轉變成紫色。

不同品種的骨螺
能提取出不同的紫色

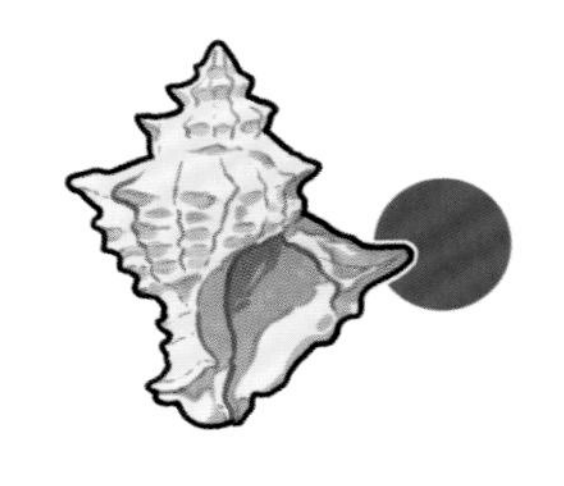

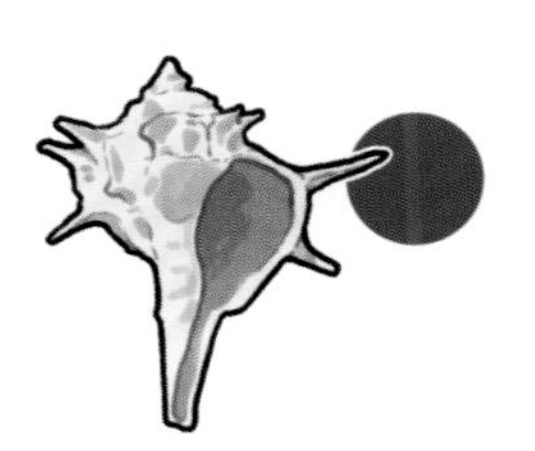

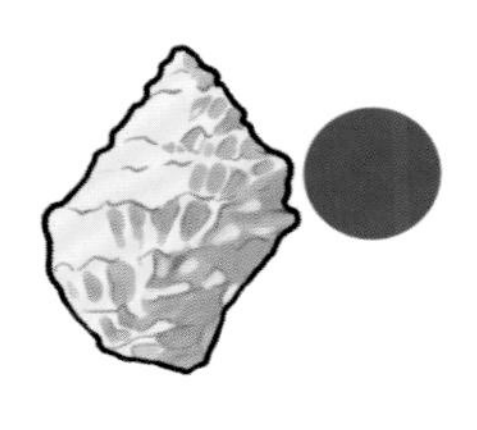

據說，這樣 1 公克紫色顏料需要上百甚至上千個骨螺才能提取出來。
這足以證明紫色顏料在當時是多稀有。

①在明代以前，紫色都是最尊貴和高雅的衣飾顏色。

②群青是最古老、最鮮艷的藍色顏料。天然群青稱為青金石或天青石，是一種不透明或半透明的藍色準寶石。而在古代的歐洲，青金石比黃金的價格還要貴五倍。

58. 古代沒有修正液，寫錯字了怎麼辦？

現在我們寫錯字了，

可以使用修正帶或修正液來更正。

可是古代沒有這些工具，如果寫錯字了要怎麼辦呢？
東晉書法家王羲之的《蘭亭集序》，後世稱為「天下第一行書」，
裡面就出現了寫錯字的情況。

「後之視今，亦猶今之視昔，悲夫」這句話中，「昔」字的下方就出現了一個長方形的黑塊，這就是書聖王羲之寫錯後塗改的痕跡。

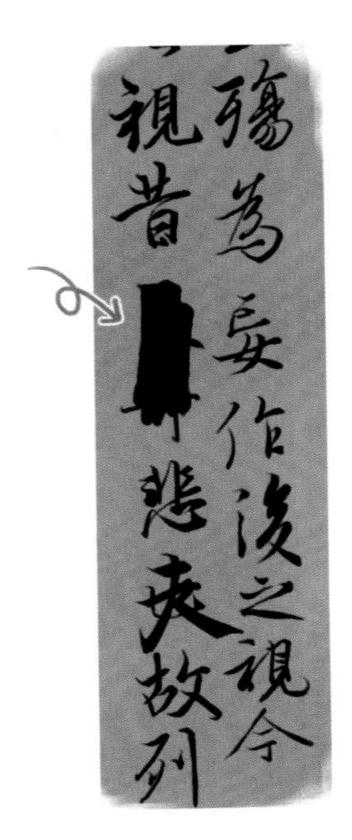

此外，古人還會拿紙張貼在錯字上遮擋起來，再重新寫。但是這種方法不妥當，新貼上去的紙張也很容易脫落。

沒有方便有效可處理錯字的方法，
古人寫字就只能盡量小心謹慎。

①在紙張發明之前，古人是將文字刻在竹木簡上。如果字刻錯了，必須將錯字刮掉重新刻。

②古人發現將雌黃塗抹在黃紙上可以讓字跡消失。沈括所著的《夢溪筆談》中有一篇〈雌黃改字〉，介紹用雌黃塗抹錯字比當時的其他改錯字辦法更有效。後來，雌黃有了篡改文章的意思，並引申出胡說八道的含意，如成語「信口雌黃」。

59. 在唐朝就開始的「貓熊外交」

隋唐時期，對周邊鄰國有著非常巨大的影響力。

* 粵語「你好」的發音。

那時，日本已經開始派遣使者，稱為遣隋使和遣唐使。

他們不僅從中學到了先進的知識，也帶了許多東西回日本。
其中就有大貓熊。

根據《舊唐書》記載，公元前 685 年，日本遣唐使拜見唐朝女皇武則天。為了表示兩國友好，武則天送出了兩隻貓熊，由遣唐使帶回日本。

這就是最早的「貓熊外交」！

「貓熊外交」沿襲至今。中國成立後，最早接受大貓熊贈予的國家是前蘇聯。

①響應保護瀕危動物的全球性號召，中國宣布從 1982 年開始，停止贈送大貓熊出國。

②不同國家、地區之間友好地進行動物交換一直是世界人民傳遞友誼的重要方式，甚至成為政府之間一種重要的外交手段。

60. 唐代著名詩人有哪些稱號？

古代詩人名家輩出，佳作如雲。
人們會根據詩人的風格為他們取「雅號」。

例如，唐代偉大的浪漫主義詩人李白，後人稱讚為「詩仙」。

唐代偉大的現實主義詩人杜甫，後人尊稱為「詩聖」。

白居易一生寫了三千多首詩歌，題材廣泛，
內容平易近人，通俗易懂，後人稱他「詩魔」和「詩王」。

李賀的詩作充滿想像力，經常用神話傳說來寓言說理，
因此後人常稱他為「詩鬼」。

孟郊的詩作多數描繪世態炎涼及民間苦難，
所以有「詩囚」之稱。

①詩人賈島一生不喜歡與人來往，只喜歡作詩，並且專注在字句上下功夫，被稱為「詩奴」。他與孟郊並稱「島瘦郊寒」。

②劉禹錫的詩作自然流暢，景象開闊，讀起來給人一種樂觀豁達、豪邁灑脫之感，被稱為「詩豪」。

「倒霉」最早寫作「倒楣」，這個詞出現在明朝後期。

“倒楣”跟科舉有關

明朝延續隋唐以來的科舉取士制度，
科舉成為讀書人出人頭地的唯一出路。
普通讀書人想在科舉中勝出是極為不易的事。

為求吉利，古代讀書人在參加科舉考試之前，
通常要在自家門前豎起一根旗桿，稱為「楣」，為考生打氣壯行。

（再次）
落榜。

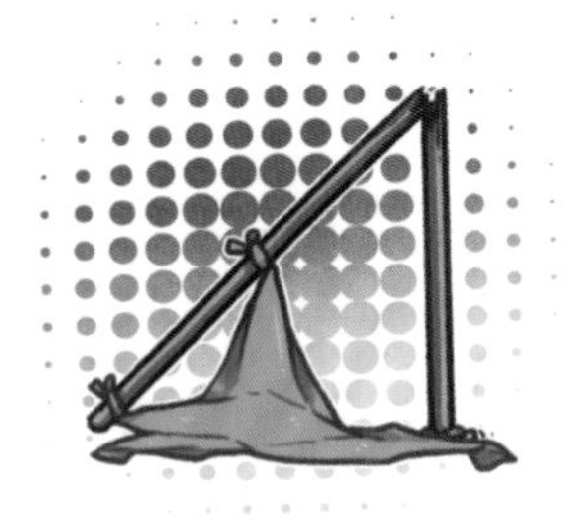

揭榜後，要是誰家考生榜上有名，旗桿就照樣豎著；
若是不幸失利，考生的家人會把旗桿放倒，叫「倒楣」。

後來，因「霉」與「楣」同音，加上「霉」本來就有不吉利的意思，
人們開始習慣把「倒楣」寫成「倒霉」。

①古時候官署稱為衙門，衙門是由「牙門」轉化而來。因為猛獸的利牙在古代常象徵武力，「牙門」是古代的軍事用語，為軍旅營門的別稱。

②「世界」一詞來源於佛經，並不是現代詞。「世」指時間，「界」指空間，蘊含了時間與空間不可分割的道理。

62. 古人用什麼來洗頭呢？

早在商周時期，人們已有定時沐浴的習慣。
但是古代沒有洗髮精，那他們用什麼來洗頭呢？

古人利用大自然中的植物來製作洗髮精。
其中有一種植物叫「無患子」。

無患子

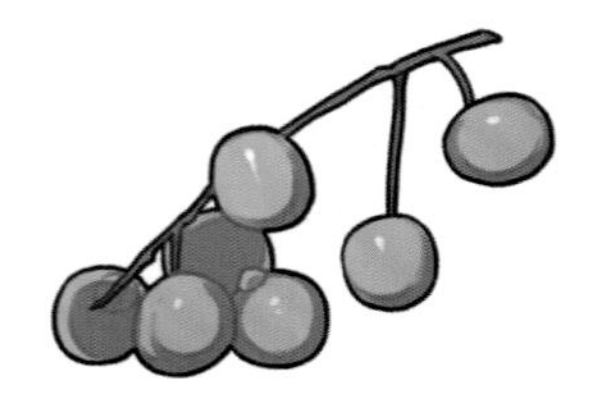

成熟無患子

無患子也叫「木患子」或「洗手果」。
無患子樹的木材可做箱板和木梳等。

無患子果實雖然沒有可以食用的果肉，
但是果皮含有大量無患子皂苷，這是一種優良的天然表面活性劑，
將無患子果皮搓洗成黃色汁液即可作為洗髮精使用。

用無患子洗頭不僅可以去污，還能預防頭皮屑。

除此之外，皂莢也是古人常用的天然洗髮植物。
把皂莢剝開，內裡表面柔滑的一層物質可以刮下來，
或直接將整個皂莢碾碎，然後泡水、濾汁，製成純天然洗髮露。

①無患子除了用來洗頭髮之外，它的果核還可以用來製作佛教的念珠。所以無患子還有消災驅難、保佑平安的含意。

②歐洲人也使用無患子，他們更喜歡將無患子果皮包裹在棉織袋子內泡水搓擠，使其產生泡沫，直接用來洗衣和洗澡。

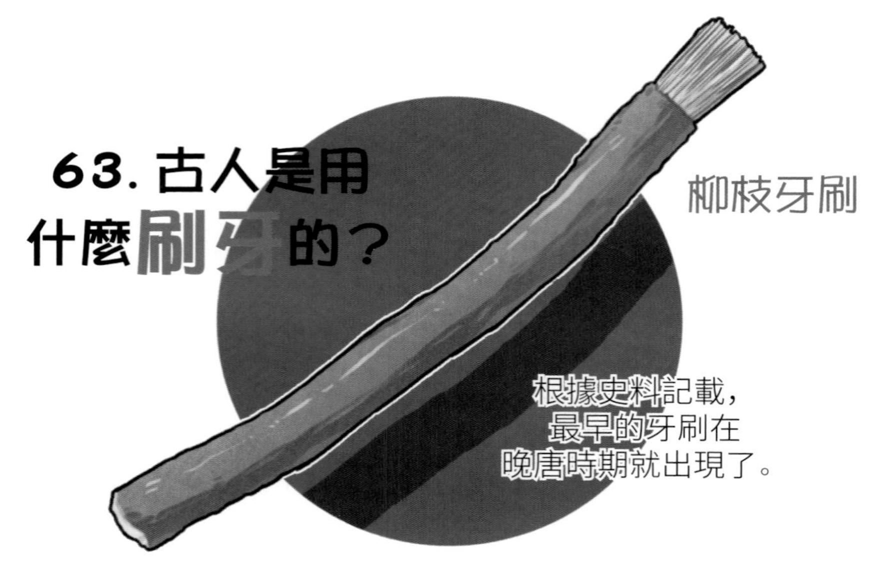

那時候的牙刷是這樣的：
把楊柳枝泡在水裡，使用的時候用牙齒咬開，
裡面的纖維豎起來就像細小的木梳齒，然後蘸著草藥刷牙。

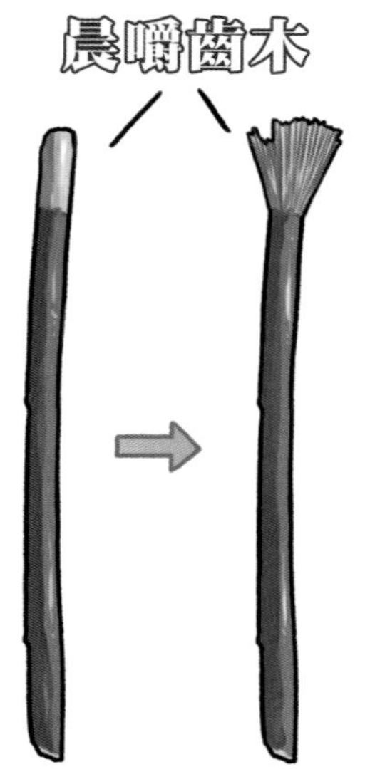

所以古人最早是用楊柳枝刷牙，
「晨嚼齒木」就是這麼來的。

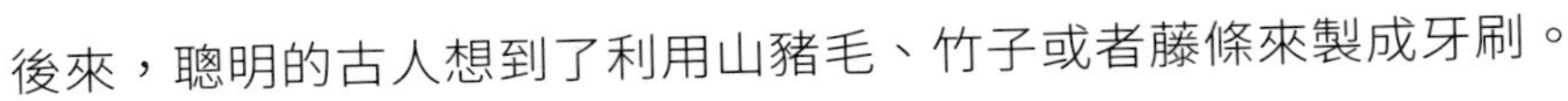
後來，聰明的古人想到了利用山豬毛、竹子或者藤條來製成牙刷。

這種牙刷後來流傳到歐洲，歐洲人覺得豬鬃毛太硬了，
於是換成了馬尾毛。

▶ 豬鬃毛牙刷因為很硬常被嫌棄

但是由於馬尾毛很昂貴，所以豬鬃毛牙刷一直沿用到 1900 年。

①宋代已有了類似牙膏的用品，古人將茯苓等藥材煮成「古牙膏」，用來漱口。

②文獻《禮記》有記載「雞初鳴，咸盥漱」，可見先秦時期的古人早晨起來就會漱口。

64. 古人有「冰箱」嗎？

我們的日常生活已經離不開冰箱了，
食物保鮮、享受冷飲或冰淇淋都需要它。

冰鑒

古時候沒有需要電力驅動的冰箱，但古人也有發明「冰箱」！
《周禮》中記載了一種用來儲存食物的「冰鑒」。
這種冰鑒是木製或青銅製的盒子形狀，內部是空的。

冰鑒內部結構

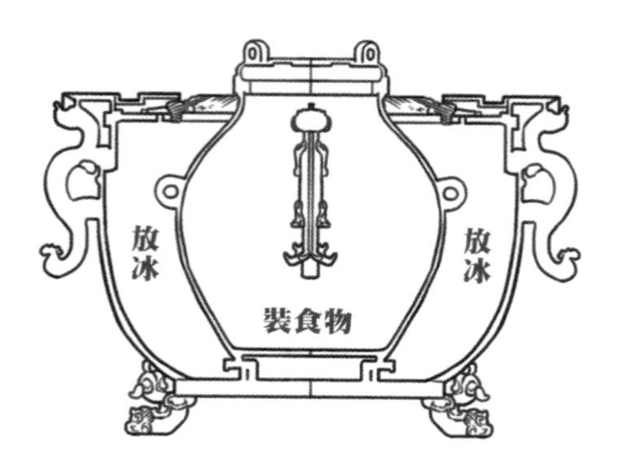

古人在冬天鑿冰並將冰儲存起來，夏天將冰放入冰鑒，
再把食物放在冰之間，這樣就可以延長食物的保鮮期。

但是冰鑒在古代只有貴族才用得起，
平民百姓通常會利用鹽和其他配料幫新鮮食品進行醃製加工，來保存食物。

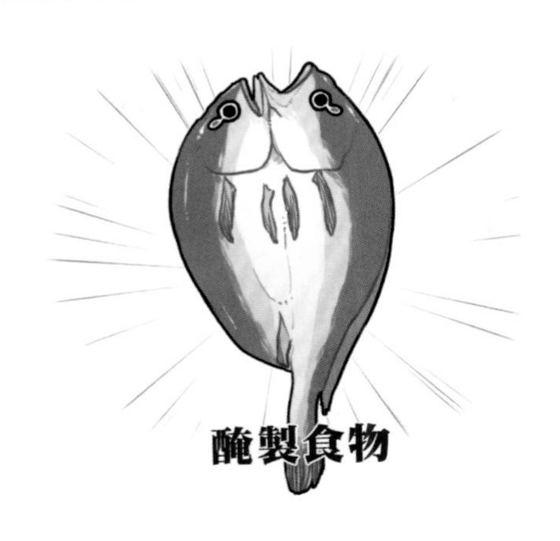

醃製法是利用食鹽滲入食材的組織內，使其降低其水分活度，
以抑制微生物生長繁殖，達到延長食品保存期限的目的。

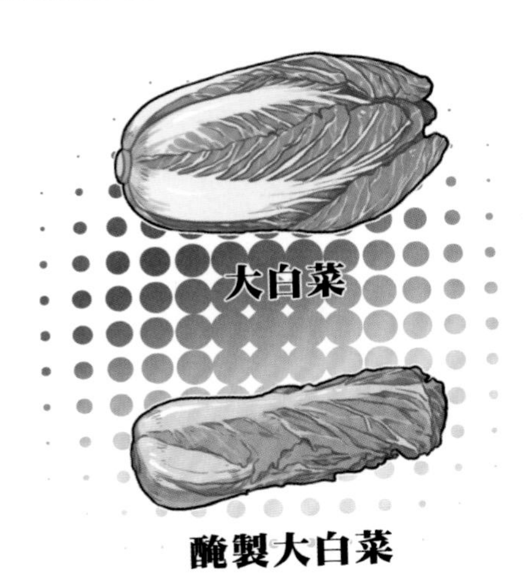

醃製法主要用於蔬菜和肉類，
比如各種醃製鹹菜、醃魚、醃肉等。

①平民百姓還會將肉切成細條，掛在有太陽光照射的通風處，將肉晾成肉乾進行保存。

②想要保存水果或塊狀果肉的話，也可以利用鹽醃、糖漬來製成蜜餞、果乾這一類的食品。

65. 貓咪的眼睛在古代可做時鐘？

古時候的百姓可能經常透過觀察貓眼來推測時間。

蘇東坡的《物類相感志》中有一首〈貓兒眼知時歌〉就描寫了百姓用「貓鐘」的情況——「子午線卯酉圓，寅申巳亥銀杏樣，辰戌丑未側如錢」。

貓眼時鐘

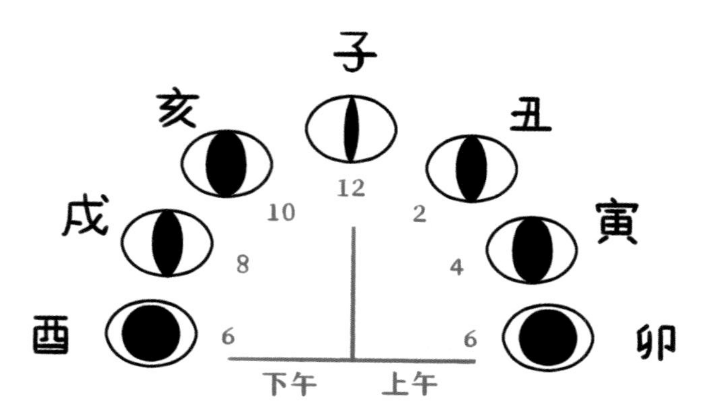

雖然用貓眼判斷時間絕對不夠精準，但依然不得不佩服古人的智慧。

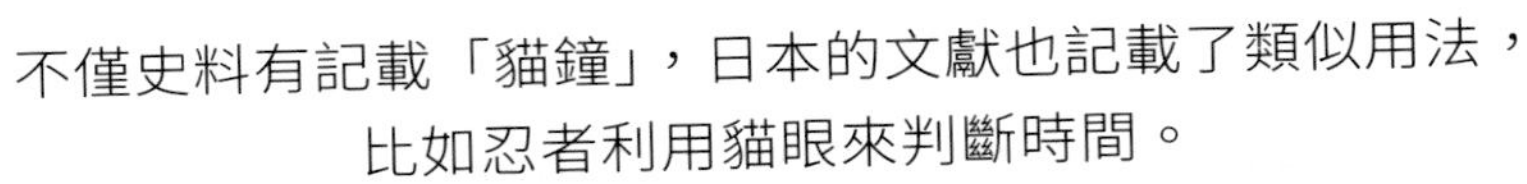

不僅史料有記載「貓鐘」，日本的文獻也記載了類似用法，
比如忍者利用貓眼來判斷時間。

「六時圓，五七如卵，四八似柿之核，九時如針。」
傳說中，優秀的忍者都能夠透過看貓眼來判斷時間。

①貓眼的構造與人類眼睛不同。貓的眼球裡有一層薄膜長在視網膜後。這層薄膜能夠反射光線，所以貓咪的眼睛在夜晚看起來像是會發光。

②貓眼瞳孔也會隨貓咪的心情變化而不同，所以貓咪的眼睛變化是和情緒有關的。例如貓咪在緊張的時候，左右眼的瞳孔大小會不一樣。

小劇場 05
兔子們的喜好

兔子的門牙共有六顆，上面並排四顆，下面兩顆。

門牙的主要作用是切斷食物，咀嚼是臼齒的工作，兔子的臼齒長在牙床裡。

兔子的門牙終身生長，所以牠們必須時常要磨牙，否則牙齒過長會對眼睛等器官造成影響。

小劇場 06
貓眼的情緒變化

瞳孔擴大

當貓咪的瞳孔完全放大，代表牠受到了強烈的刺激，可能是激動，也可能是驚嚇或恐懼。

瞳孔縮小

除非是在陽光下，否則貓咪的瞳孔縮小可能是因為傷心或沮喪引起的情緒反應。

對你眨眼

對於貓咪來說，眨眼是表達愛意的方式。當牠慵懶地向你眨眼時，是在傳達愛意。

眼睛半閉

貓咪在人面前閉上眼睛是極度信任的表現。眼睛半閉也表示牠在放鬆並且信任你。

*這個表情不太對吧……

對光線敏感的貓眼

黑夜中，人眼還是可以模模糊糊地看見一些東西的輪廓，這是因為夜間有光。

夜間的光非常微弱，強度無法滿足人眼看清目標的要求。

而貓眼比人眼對光更敏感，所以貓眼可以利用夜間有限的光看見物體。

奇奇怪怪的問題

塑膠藥瓶為什麼都是淺色的？
!!
維生素C片

圍棋的黑白子是一樣大的嗎？

臉盲的人會看到什麼樣的臉？
安全出口標誌的小綠人有名字嗎？
鳥在天空飛，為什麼不會相撞？
經常咬鉛筆會中毒嗎？

這些奇怪問題，難道你不想知道答案嗎？
聽到了嗎？
先解決今晚吃什麼！

第四章
追根究柢

▶ 奇怪的問題，都有充滿意外的答案。

66. 人為什麼會有兩個鼻孔呢？

明明用一個鼻孔也可以呼吸，
為什麼我們會長兩個鼻孔呢？

人類的眼睛和耳朵都是一對兩個，我們了解這些器官成雙成對的作用：
兩隻眼睛能形成立體的視覺，兩隻耳朵能夠準確定位聲音的位置。

同理，雖然鼻子只有一個，但是每一次呼吸時，
兩個鼻孔都能感覺到氣味的差別，進而帶來立體嗅覺。

還有更重要的原因，是為了進行正常的換氣，
避免讓一個鼻孔長時間工作而太累。

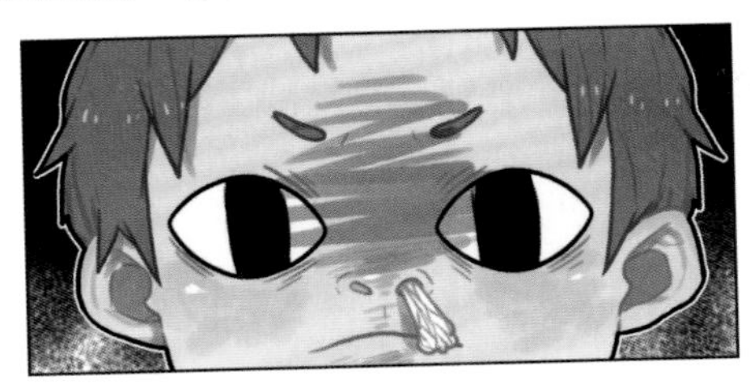

▶ 鼻孔常常一個暢通一個堵塞

正常情況下，兩個鼻孔呼吸量的大小會隨著時間而變化，
大約每 2 ～ 7 小時交替變化一次。所以我們總覺得一個鼻孔呼吸暢通，
另一個鼻孔卻有一點堵塞的感覺。

我們睡著的時候，沒辦法有意識地翻身，
但鼻子呼吸的週期變化能促使我們在睡著時有條件反射地翻身，
避免用一種姿勢睡到天亮，血液流動不順暢，導致肢體發麻。

①雖然我們是靠舌頭品嚐食物味道，但實際上也需要鼻子的輔助作用。如果把鼻子捏住，有許多食物我們可能就會吃不出味道！

②根據調查統計，世界上只有 30% 的人可以控制自己的鼻孔放大、縮小。

67. 正常人一天會放多少個屁？

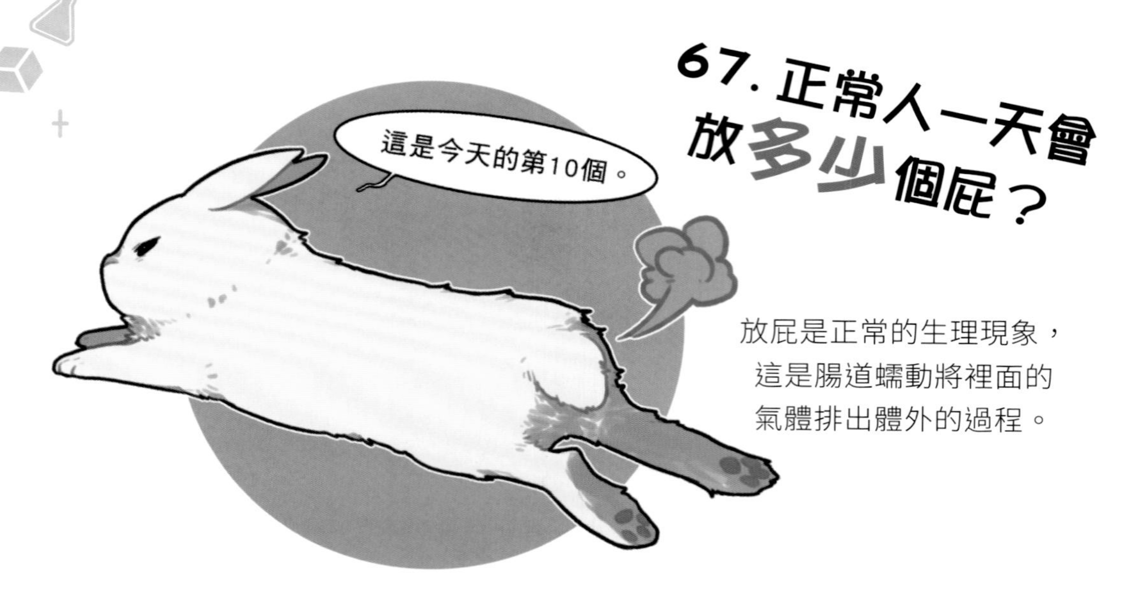

放屁是正常的生理現象，
這是腸道蠕動將裡面的
氣體排出體外的過程。

每個人每天排氣的頻率並不相同，一天排氣 10 ～ 20 次是正常的。
排氣頻率與個人的飲食習慣有關係。

氣體「燃料」

一些食物會在人體內產生比較多的氣體，
這類的食物吃多了，排氣的頻率自然增高。
容易產生氣體的食物有地瓜、大蒜、洋蔥及豆製品、奶製品等。

如果人體排氣失調或長時間不排氣，會影響新陳代謝，
造成腹脹和腸胃道疾病。

還有可能導致臉上長粉刺或雀斑，
引起皮膚乾燥、粗糙等問題。

把氣排出來就好了

如果排便、排氣次數明顯增加，
或突然發生改變，應當注意是否消化系統出了問題。

①除了哺乳動物，鳥類、魚類和昆蟲也會放屁，只不過魚類排氣更多代表的是同類間的一種溝通方式，而鳥類只在排泄時才會排氣。

②如果進食速度過快或吞嚥動作過多，也會因攝入較多空氣導致頻繁放屁。

68. 應該堅持第一次的判斷嗎？

當我們考試遇到沒把握的選擇題時，
會傾向用直覺判斷選出答案。

但是當我們依靠第一次的判斷選擇 A 選項時，
又會猶豫地考慮也許 B 選項才是正確的。
這個時候該不該堅信自己的直覺判斷呢？

研究顯示，有 75% 的學生認為依靠直覺做的判斷極有可能是正確的。
不幸的是，這個判斷往往是錯誤的。

研究者透過各項實驗證明，那些經過再三思考，
願意更改第一次判斷的人往往會取得更高的分數。

正確答案是——

▶ 結果就會因為沒有更改答案而懊悔

堅持相信自己的直覺或許是錯誤的決定，
主動更改答案的人，更有機會把原本錯誤的答案更改成正確的答案。

①為什麼那麼多人堅持第一次的判斷呢？可能是因為比起花費時間糾結依然還是選到錯誤答案，不如從一開始就直接選錯反而讓人沒那麼痛苦。

②不僅學生傾向第一次的判斷，就連55% 的監考老師也認為修改答案可能更容易出錯。

69. 塑膠藥瓶為什麼都是淺色的？

藥物的包裝是大有學問的。
有的藥使用紙盒包裝，有的則裝在白色的塑膠藥瓶裡。

為什麼大多數塑膠藥瓶都是白色或者其他淺顏色呢？
其實這和光照有關係。

深色藥瓶吸光

吸收光線過多會引起藥物變質

在同樣的太陽光照下，深色藥瓶會吸收更多日光，
導致存放在瓶內的藥物產生化學反應而變質。

而白色的塑膠藥瓶可以反光，
藥物不會那麼容易變質，有利於長期保存。

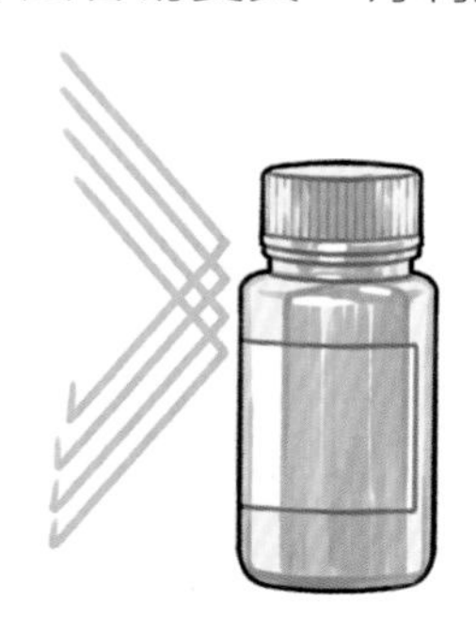

如果藥瓶是玻璃材質則應選擇棕色的，
其超低的透光率可以避免光照引起藥物的化學反應。

①糖漿和其他大瓶裝的液體藥物通常不會一次性用完，如果在貯存過程中出現分層、沉澱和異味，就代表這些藥物已經變質了。

②軟膏等外用藥膏在開封後容易揮發，導致味道變淡、藥效降低。因此，最好是購買小包裝就好。

70. 象棋為什麼有五個「兵」？

象棋也叫象碁ㄑㄧˊ，屬於二人對弈遊戲，
是傳統棋類，有著悠久的歷史。

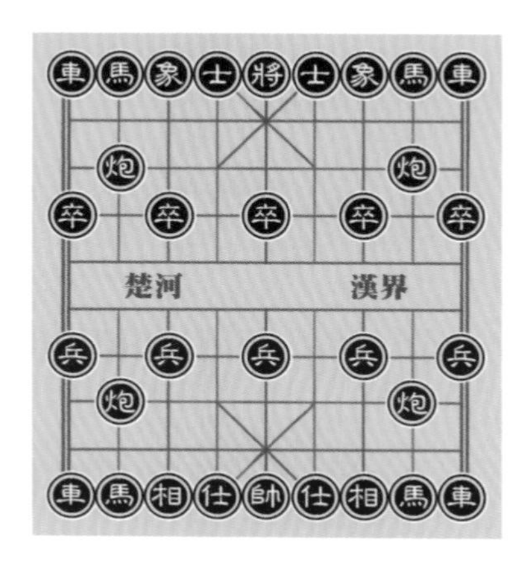

象棋棋子共有 32 個，
依紅黑兩色分為兩組。

雙方各有五個「兵」（卒）。
但為什麼是五個呢？

這與古代軍隊編製有關。
當時軍隊的基本編製為「伍」，由五名步兵組成，
使用的兵器分別是：殳、矛、酋、戈、戟。

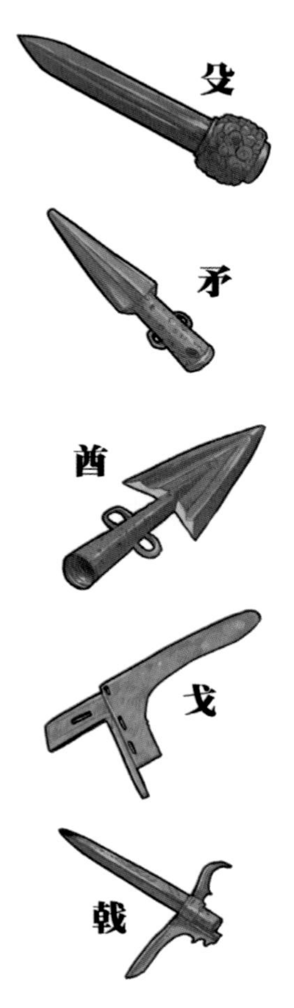

這五種兵器相互配合使用能大大提高士兵的戰鬥力。
因此古人依據軍隊作戰的編製來制定象棋的規則，
五個「兵」便一直沿用至今了。

①象棋也是首屆世界智力運動會的正式比賽項目之一。

②象棋比賽現在成為桌上運動競技的一個項目。

71. 圍棋的黑子和白子大小一樣嗎？

圍棋棋子是扁圓形，分為黑白兩色。
棋子的數量以黑子 181 個和白子 180 個為宜。

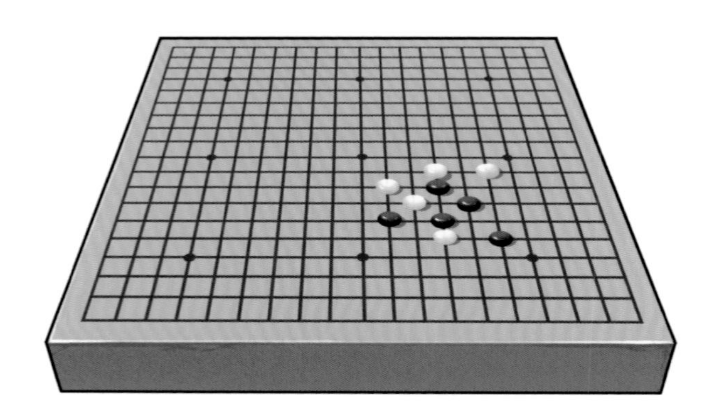

許多人以為圍棋棋子是一樣大的，
但實際上，黑子比白子略大一些。

當棋子一樣大時，
白子看起來會比黑子大一點

因為有人留意到當黑白兩色棋子同樣大小時，
人的視覺會產生錯覺，總覺得白子比黑子大一點。

這種錯覺會讓人不太舒服，
所以按照人的視覺習慣必須將黑子做大一點，
這樣一來，黑白棋的視覺大小就能達到一致。

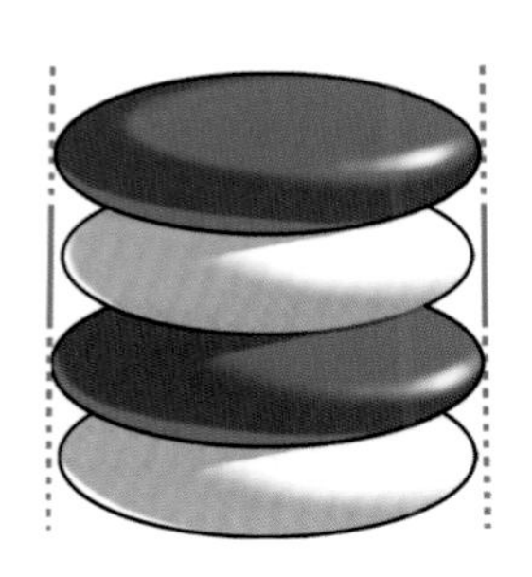

當黑子稍大一點時，
黑、白子在視覺上是一樣大的

順帶一提，圍棋的棋盤是正方形的嗎？不是喔！

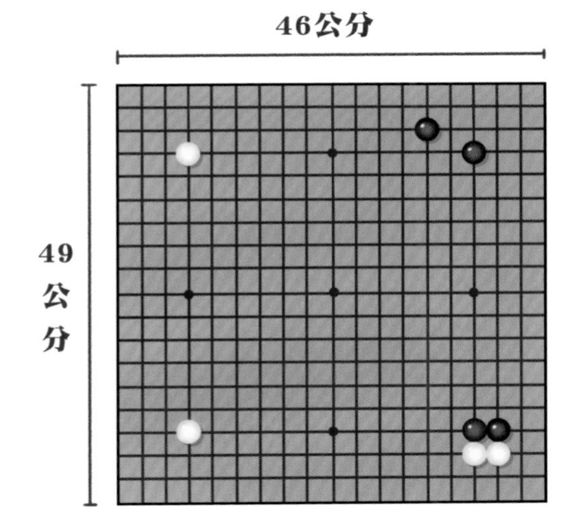

圍棋棋盤是長方形的

一般圍棋棋盤的長、寬各是 49 和 46 公分，是長方形的。

①古代圍棋的棋子是用玉石製成，非常昂貴，所以基本上下棋是貴族專屬的活動。圍棋在古代的名稱有爛柯、弈、黑白、手談、坐隱等。

②許多人以為四大藝術「琴棋書畫」中的「棋」是指象棋，其實指的是圍棋。

72. 臉盲的人看到的臉是什麼樣子？

這裡說的臉盲症是真正的疾病，
不是日常生活中開玩笑說的「臉盲」。
臉盲症又叫作
「面部識別能力缺乏症」。

在過去，專家認為這種病極為罕見，
但實際上，全球約有 2% 的人患有臉盲症，
也就是每 50 人當中就可能有 1 人。

臉盲症的表現一般分為兩種：
看不清別人的臉或對別人的臉失去辨識能力。

①看不清別人的臉

一般人很難理解什麼是「看不清別人的臉」，
有患者形容自己看到的臉就像糊成一團的面孔，彷彿打了馬賽克；
也有患者說看到的臉像氣球一樣，什麼都沒有。

還有一種情況是看得見臉部五官，可是同樣沒有辨識能力，
因為他們看到的每一張臉都是一樣的。

②對人臉失去辨識能力

▶在臉盲症患者的眼裡每一張臉都一樣

意思是除了服裝外，他們無法從臉上分辨出差異。
哪怕患者知道大家長得不一樣，但就是分辨不出來。

**臉盲症患者照鏡子時
連自己的臉也看不清**

臉盲症患者通常記憶力也不如一般人。

①臉盲症患者能分辨物體，可以靠觀察五官以外的特徵來分辨不同的人，比如頭髮顏色和造型、聲音、身形或是動作，但是一旦這些特徵改變了，他們就認不出來了。

②看外國電影時，有些人會較難記住和分辨外國人所演的角色，這不是臉盲症，而是「他種族效應」。一般人通常難以清楚分辨其他種族的樣貌。

73. 經常咬鉛筆會鉛中毒嗎？

有的人做作業思考時會不自覺地咬鉛筆，
那麼經常咬鉛筆會鉛中毒嗎？

先告訴你答案：不會，但有可能因為別的原因而中毒。

鉛是一種熔點低、容易冶煉的金屬，質地很軟。
在牆壁上能輕易刻出灰色痕跡，
古人曾將鉛鍛打成細細的鉛條，做成寫字的筆來用。

但現代鉛筆是由石墨製作的，跟鉛沒有關係。
1662 年世界上第一家鉛筆工廠在德國建立。
德國人採用硫黃、銻[ㄊㄧ]等做黏著劑，與石墨混合加熱製造出鉛芯。
後來法國人提高了石墨的純度，
並改進黏土與石墨的混合比例，提升鉛筆芯的品質，沿用至今。

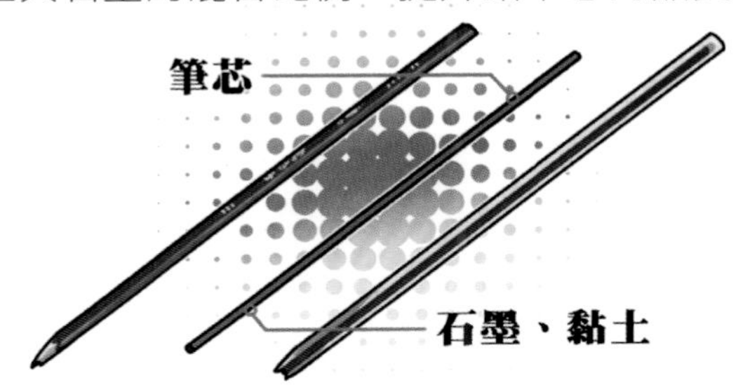

所以現在的鉛筆芯根本就不含有鉛。
既然鉛筆不含鉛，那麼是什麼引發了中毒的可能？
咬鉛筆的人咬的是鉛筆桿！

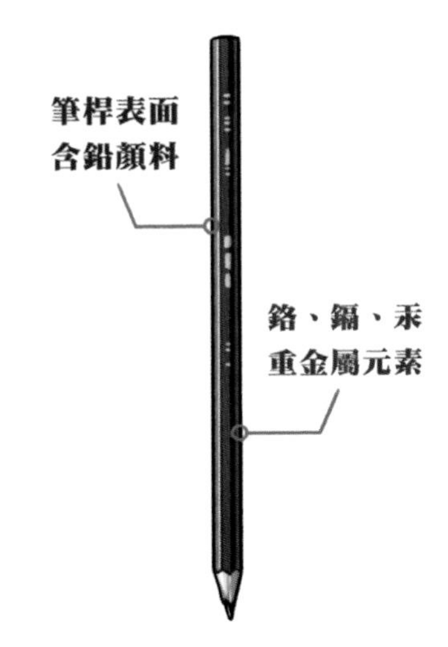

鉛筆桿表面的顏料裡含有微量重金屬。
咬筆桿會把顏料吃進去，長期下來可能就會重金屬中毒。

①雖然 1662 年出現了第一家鉛筆工廠，但那時的鉛筆僅有鉛筆芯，沒有木頭外殼。1812 年，美國一名木匠威廉·門羅用機械切割出長 5 ～ 18 公分的標準化細木條，並在細木條中間挖出一條剛好適合鉛筆芯的凹槽。

②傳統鉛筆使用時容易髒手，筆尖易折斷，不易攜帶等。因此催生出「筆帽、筆套」來。

74.「狼毫」毛筆是用狼毛做的嗎？

古人用的毛筆一般都是採用動物的毛髮製作而成。

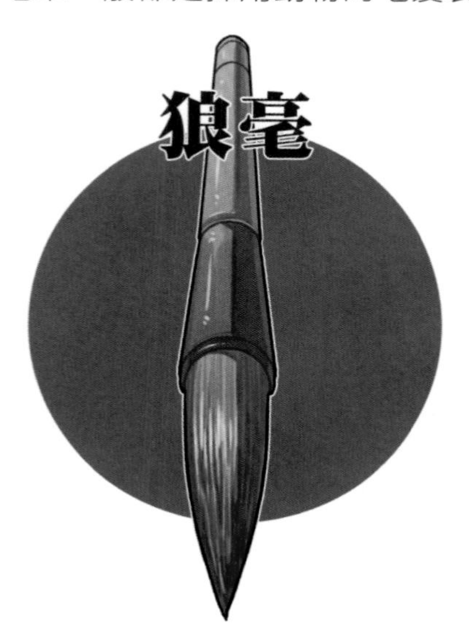

古人使用的動物毛髮是來自於各種動物。
其中一種叫作「狼毫」的毛筆，難道採用的是狼的毛髮嗎？

其實狼毫是指用黃鼠狼的尾毛做成的毛筆。

狼毫毛筆質感潤滑且富有彈性，
適合寫書法和畫畫，不過兩者比較起來，更合適畫畫。

黃鼠狼只有尾巴尖部可供製筆，
狼毫的品質比羊毫優秀，僅次於兔毫。

不用，我們只要尾尖的毛。

▶ 黃鼠狼只有尾尖的毛可以製成狼毫

實際上，狼的毛比較粗，沒辦法拿來做成毛筆。

①紫毫毛筆因色澤紫黑光亮而得名，筆頭是用兔毛製成的。這種毛筆筆尖挺拔尖銳，彈性比狼毫更好，以中國安徽出產的野兔毛所製成的兔毫為最優。

②雄雞前胸的毛、老鼠鬍鬚、鹿毛等，都可以用來製成毛筆。

75. 用 OK 繃包紮傷口，纏得越緊越好嗎？

對付小面積的傷口，我們會使用 OK 繃。
為了快速止血，有些人會用 OK 繃把傷口纏得緊緊的。
但這樣做是不對的。

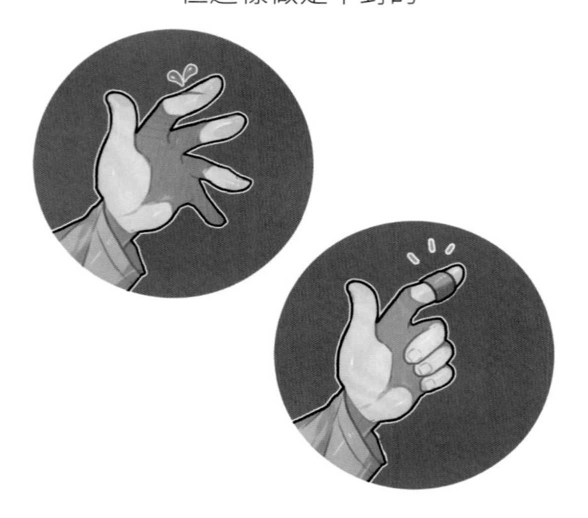

OK 繃不可以纏得太緊，尤其是手指和腳趾，
因為太緊不透氣，傷口處容易滋生厭氧菌，
反而增加感染、患破傷風的機率。

此外，手指和腳趾的動脈在其兩側，
OK 繃纏得太緊會導致血流循環不順暢，輕則傷口腫脹，
重則可能導致指（趾）末端壞死。

一般我們使用 OK 繃時，會習慣性的直接圍繞傷口貼一圈，
其實有更好的使用方法：

①不是所有傷口都適合使用 OK 繃，像面積小且深的傷口、動物咬的傷口、不乾淨的傷口等就不適合使用 OK 繃。

②棉質紗布是在 18 世紀以後才用於傷口包紮。無菌包紮的出現使得因為傷口感染致死的人數下降。1886 年，強生公司基於滅菌理論，開始批量生產高溫滅菌的紗布繃帶。

76. 防毒面具的靈感是來自哪種動物？

你知道防毒面具的發明靈感是來自野豬嗎？
所以防毒面具看起來才會像豬的大鼻子。

因為野豬特別喜歡用強而有力的鼻子來翻動泥土，
尋找植物的根莖及昆蟲。

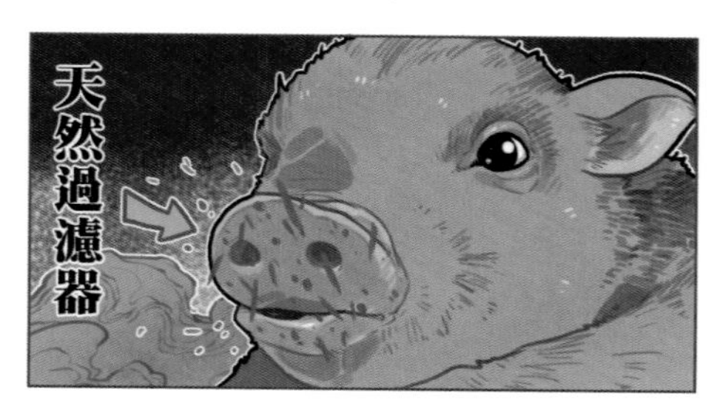

當野豬聞到刺激性的氣味時，會用鼻子在地上使勁翻土。
若土壤和落葉碎渣塞進鼻孔中，
鼻子就能像過濾器一樣過濾掉令牠不適的氣味。

科學家們根據這個原理在面具上設計出類似
豬鼻子的過濾器，製成防毒面具。

根據泥土能濾毒的原理，
選擇使用既能吸附有毒物質又能流通空氣的木炭作為過濾物質，
這就是世界上首批防毒面具。

▶ 普通人請不要嘗試！要及時逃離！

①消防用的防毒面具不是永久性產品，保存期在三年內。所以務必要定期更換消防防毒面具。

②防毒面具不能用於過濾空氣中的病毒，所以無法取代醫療口罩為個人提供衛生防護。

77. 緊急出口標誌上的小綠人是誰？

安全出口標誌我們都不陌生，
標誌上奔向出口的小綠人其實是有名字的，你知道叫什麼嗎？

它的名字叫：皮克托先生。

1978 年，日本消防安全協會舉辦了一場全國性的
「緊急出口標誌」設計大賽。
經過評審的嚴格評選，小谷松敏文的「小綠人」脫穎而出，
取得優勝。

不過在最初的設計中，小人奔跑的姿態看起來實在「太開心」了，缺乏緊張感。
後來經過多摩美術大學太田幸夫教授的改良，才有了現在看到的「小綠人」。

原始版本　　國際版本

再後來，人們充分利用皮克托先生，讓它出現在各種警示牌上：
走台階被絆倒，走濕地滑倒，高空拋物砸到頭……
「倒霉的」皮克托先生以「自我犧牲」的方式提醒行人要注意危險。

真是無私奉獻的「小綠人」。

①改良後的「小綠人」設計在國際上得到廣泛認可，於 1987 年成為了全世界通用的緊急出口標誌。

②「皮克托」這個名字取自「象形符號」的英文 pictogram 的前半部分 picto。

78. 河豚一旦生氣 連自己都能毒死

河豚是一個大家族，已知的河豚種類有 200 種以上，
其中大部分都帶有毒素。

無論是在水裡還是離開水，
河豚都可以讓自己的身體急速膨脹。

膨脹的身體不只是嚇阻捕食者，還有更實際的作用——
變成大型魚類因容易卡在嘴巴而無法吞下的「大圓球」。

能夠利用形體巨大化嚇走捕食者是最好的，
如果沒有效果，那河豚就會釋放毒素了。
牠會透過皮膚黏液將毒素溶解在水裡，
凡是靠近牠的生物都會被毒死。

雖然河豚對自己的毒素具備一定的抵抗能力，
但是牠們毒死自己的情況也偶有發生。

▶ 被惹怒的河豚會不小心連自己都毒死

河豚是一種脾氣倔強的魚類，如果你試圖去挑釁一隻飼養在魚缸裡的河豚，
那麼牠很可能一生氣就會將整個魚缸的魚都毒殺掉，包括牠自己在內……

①河豚的毒素不是自身製造的。許多河豚喜歡吃的藻類和貝類體內都有毒素，因此有學者認為：河豚吃了這些食物，將毒素留在體內變為自身的武器。

②人類中河豚毒素的嚴重性與攝入的毒素量有關。目前還沒有河豚毒素的特效藥，由於中毒後發作時間快、死亡率高，所以要盡早進行催吐和洗胃。

79. 鳥飛行時為什麼不會相撞？

如果你觀察過天空中的小鳥，
一定會發現牠們很少在
飛行中碰撞到同伴。
難道鳥類有什麼祕密技能
能夠避免與同伴相撞嗎？

昆士蘭大學的研究者指出，
鳥類飛行不會互撞的關鍵原因，在於鳥兒們有自己的「交通規則」。

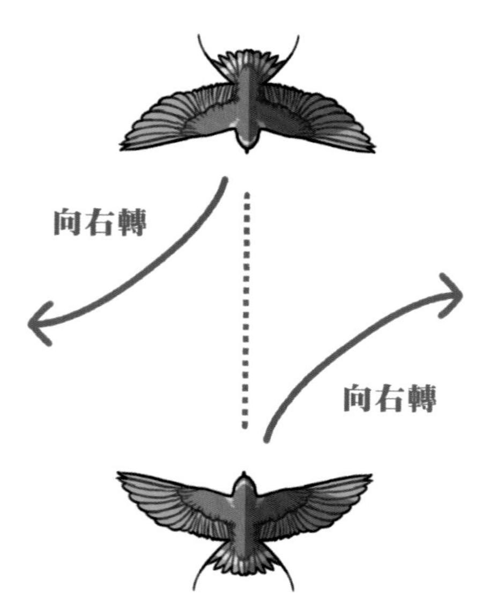

當兩隻鳥互相朝對方飛過去時，彼此會不約而同地往自己的右邊飛，
彷彿雙方存在一種神祕的默契。

鳥類的「交通規則」約束著鳥的飛行行為，
避免牠們互相擦撞。

▶ **每隻鳥都知道的飛行「交通規則」**

但是如果兩隻飛行中的鳥沒有足夠的反應時間「剎車」，
還是有可能撞到一起的！

不過鳥類的反應速度比我們想像中的快很多，
牠們能瞬間改變飛行方向，
所以兩隻鳥飛行時相撞的可能性還是很低的。

①雖然鳥兒們的「交通規則」原理很簡單，但研究人員認為「鳥都會向右飛」的規則與自動調整高度的機制，將是未來飛機設計上避免空難的最高準則之一。

②鳥類雖然能在飛行中避免與同伴相撞，但牠們無法識別玻璃窗。光是美國在每年就有大約10億隻鳥因為撞上窗戶而死亡。

80. 煮熟一個鴕鳥蛋需要多久？

鴕鳥是世界上最大的鳥類，而鴕鳥蛋也是世界上最大的蛋。

一個鴕鳥蛋通常長 15 公分、寬約 8~12 公分，重量可達 1.5 公斤，
體積大約是一個雞蛋的 24 倍。

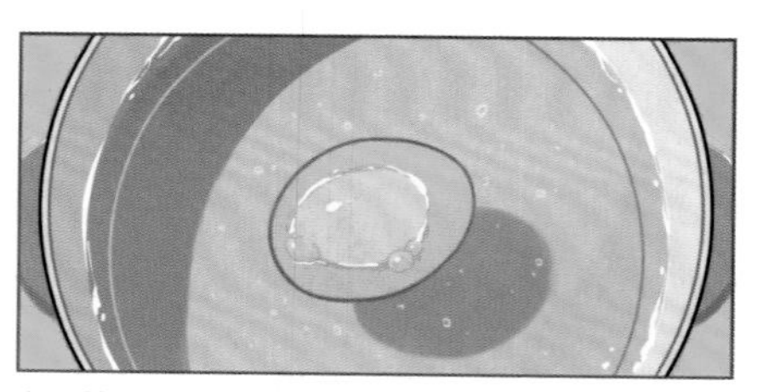

▶ 美味的雞蛋，只需要煮10分鐘

煮熟一顆雞蛋通常需要 8 ～ 10 分鐘，
那麼，煮熟一個鴕鳥蛋需要多久時間呢？

首先你要知道，鴕鳥蛋的外殼可是很厚、很堅硬的！

鴕鳥蛋殼大概是
雞蛋殼的3倍厚。

堅固的蛋殼使鴕鳥蛋很耐熱，
想要徹底煮熟一個鴕鳥蛋需要整整兩個小時。
而且煮熟後要等待一小時，蛋殼的高溫才會逐漸降下來。

不過，鴕鳥蛋是不適合拿來煮水煮蛋的，因為煮久了有可能發生爆炸，
所以很多賣鴕鳥蛋的商家都會提醒買家不能用水煮。

①鴕鳥每兩、三天就能下一次蛋。每隻鴕鳥下蛋的位置是固定的，通常一個 30～60 公分深的鳥巢裡會有 15～60 個鴕鳥蛋。

②鴕鳥蛋殼可以用來做藝術品，透過彩繪、浮雕等方式製作。這就是所謂的「鴕鳥蛋工藝品」。

81. 為什麼我們選擇喝牛奶而不是豬奶？

人類嬰兒出生後，最佳的食物來源就是母乳。
而斷奶後，我們會喝牛奶或食用乳製品。

生活中我們接觸的乳製品大部分皆來自牛奶。
但為什麼不是豬奶、貓奶或狗奶呢？有以下幾個原因：

①配合度

經過漫長的馴化，乳牛的脾氣已經非常溫和了，
能夠配合人類的擠奶工作，而其他動物可能不會「乖乖就範」。

②產乳量

母豬也能分泌乳汁，但是產量不足，
而且需要經過幼豬的刺激才會分泌，擠取過程相對麻煩。
而乳牛能在乳房儲存乳汁，且產乳量大。
生產效益高，自然更受人類的青睞。

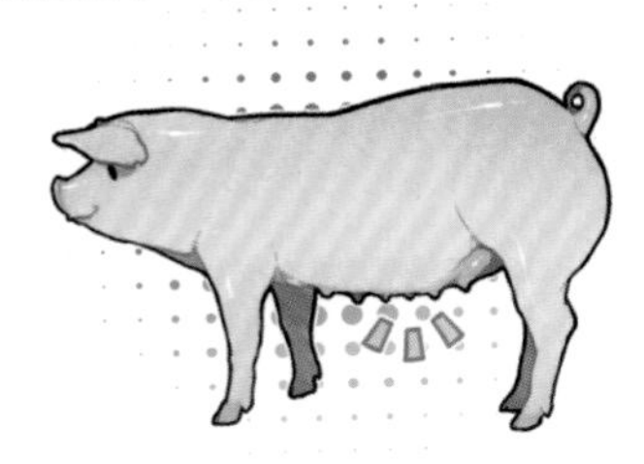

③營養價值

哺乳動物的乳汁裡主要的營養包括蛋白質、鈣和維生素。
很多商家推廣的駱駝奶雖然鈣含量比牛奶高一點，
但是蛋白質含量不及牛奶的一半。所以，無論是營養價值，
還是 CP 值，牛奶都是比較好的選擇。

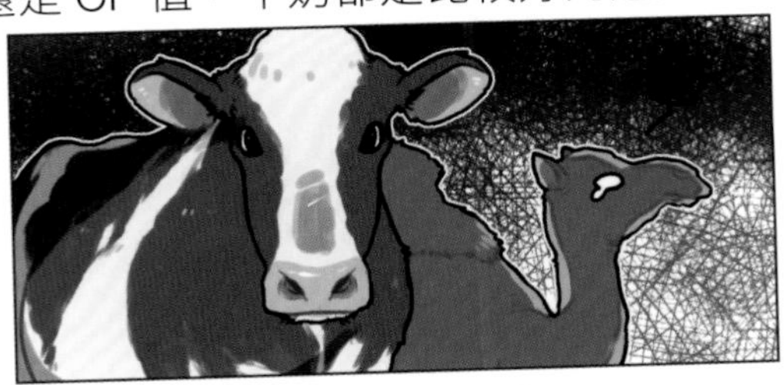

▶ 牛奶的營養價值和CP值更高

至於其他哺乳動物的奶，例如狗奶和貓奶，大部分人沒有飲用的習慣，
甚至下意識覺得怪異，更加不可能威脅到牛奶的地位。

①全球超市中 97% 的乳製品都來自牛奶，其餘少部分的乳製品則是來自羊奶、馬奶和駱駝奶。

②生牛奶中可能帶有多種病菌，如結核桿菌、布氏桿菌等，因此，未經殺菌處理的牛奶是不能喝的。

82. 有趣的勸架方式——「零食人效應」

心理學家發現了一個有趣的心理學效應——「零食人效應」。

看到別人吵架該怎麼辦？

如果有人在我們面前吵架，我們該怎麼做才能快速、有效地勸架呢？

首先，準備好零食！

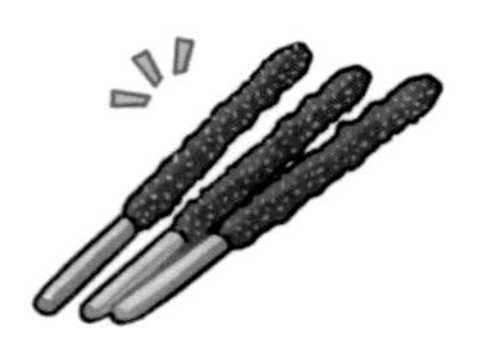

然後，邊吃邊盯著他們看。

有一個發生在紐約的真實故事，一個女人懷疑一個男人尾隨自己，兩人爭吵起來。爭吵過程中，另一個男人在旁邊一邊觀看一邊吃零食。

意想不到的是，爭吵的一男一女很快恢復了平靜，最後還握手言和。
這個圍觀的男人被網友稱為「零食人」，迅速在網絡上傳開。

▶ **“害人家都不好意思繼續吵下去了。”**

後來心理學家認為，這是因為飲食與神經放鬆和保持鎮定有關。
而且，吵架的時候發現被人「看熱鬧」了，
大多數當事人會感到尷尬，不好意思繼續吵下去。

不過比較合理的勸架方式是：先拉開吵架的人，
讓他們冷靜 10 分鐘，再分別安撫，這樣才能平息爭吵。

①當我們生氣的時候，試著連續點頭幾次，可以有效緩解生氣的情緒。

②有些人一生氣就會胃痛，這是因為交感神經興奮，導致胃腸血流量降低，蠕動減速、食慾不振，進而引起腹部疼痛、胃痙攣等症狀。

83. 批評他人可以用「三明治溝通法」

如果我們想要批評某個人，可以採用更好的辦法。

把批評的內容夾在兩件稱讚的事情當中，使受評者能夠欣然地接受，在心理學上這叫作「三明治溝通法」。

這種方式如同三明治一般有三層表達含意：
第一層是肯定、賞識對方的優點或能力。

中間層是要給對方的建議、批評或提出不同觀點。
第三層是認同、信任、支持和幫助，使對方感到安慰和鼓勵。

▶ 這感覺就像被批評了但是又沒有被批評

這種批評方式可以避免傷害對方的自尊心和能力，
讓對方正面地接受批評，並改正不足之處。

相反地，直白和激烈的批評容易使對方挫敗甚至激起負面情緒。

①貝勃定律是一個社會心理學效應，指當一個人已經經歷強烈的刺激，後續的其他刺激就會變得微不足道。

②酸葡萄心理，是指當自己真正的需求無法得到滿足而產生挫折感時，為了消除內心不安，編造一些「理由」證明想要的東西不好、不值得，藉此自我安慰，使自己從不滿、不安等負面心理狀態中解脫出來，保護自己免受傷害。

小劇場 07
皮克托先生的一生

安全標誌在生活中很常見。標誌所用的安全色是傳遞安全訊息的顏色，包括紅、黃、藍、綠四種。

紅色表示禁止，黃色代表警告，藍色意思是請遵循規則，綠色則是傳遞指示性訊息。例如緊急出口標誌就是綠色的。

小劇場 08
海底的郵筒

明信片是一種寫有文字內容、帶有圖像的卡片，特點是不用信封就可以直接投寄。

正面是圖片，我們會在背面寫上收件人地址和姓名，以及要對收件人說的話。

由於不使用信封，明信片的內容便是公開的，通常不涉及隱私，所以稱為「明信」。

奈米機器人消滅細菌

奈米機器人──去吧！

細菌軍團不能輸！

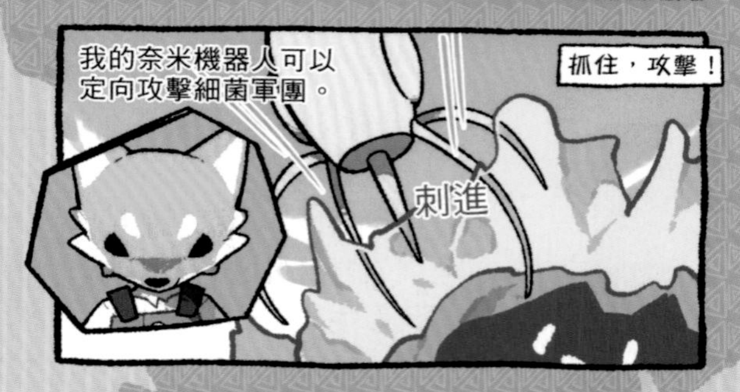
我的奈米機器人可以
定向攻擊細菌軍團。
抓住，攻擊！
刺進

成功團滅細菌！
為什麼我要
當細菌啊？
可惡！

第五章

神祕莫測

▶ 仰望星空的時候，我們因神祕而著迷！

84. 世界上第一個滑鼠居然是木頭做的？

我們現在見到的滑鼠
都是塑膠製成，
有一些還帶彩色燈。
但世界上第一個滑鼠
卻是用木頭做的。

1963 年，在史丹佛研究院工作的道格拉斯·恩格巴特參加一個會議的時候，在隨身攜帶的筆記本上畫下了第一個滑鼠的草圖。

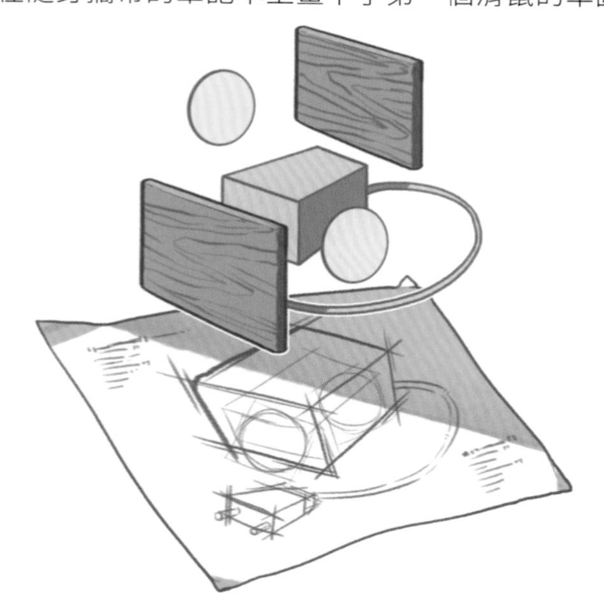

這款滑鼠由木頭製成，看上去就像一個木盒子，
底下有兩個滾輪，頂部只有一個按鈕。

它的基本工作原理是滾輪滾動的時候帶動軸旋轉，
旋轉軸連接兩個電位計，透過改變阻值產生 X/Y 位移信號，
這些信號傳輸到電腦，就是我們在電腦螢幕上看到的滑鼠移動。

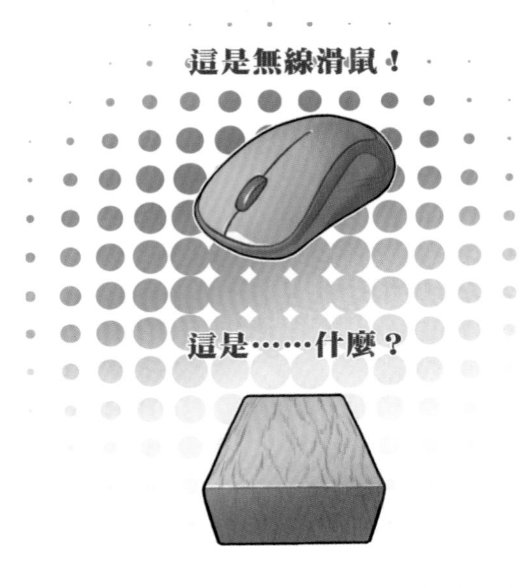

1968 年恩格巴特為這個「滑鼠」申請了專利，
它有一個很長的名字，叫「顯示系統 X-Y 位置指示器」。

它的名字是──

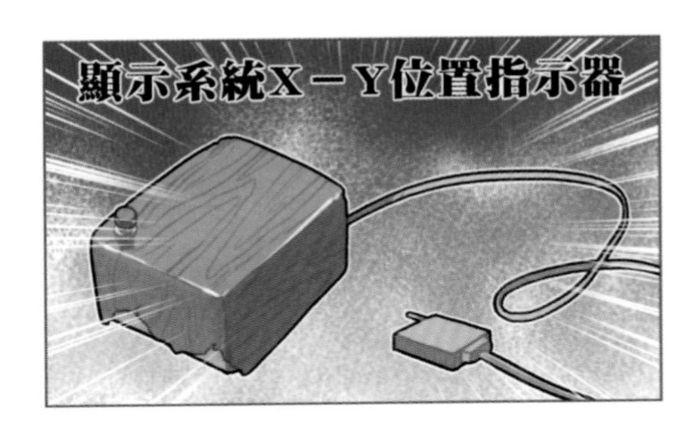

①一開始，滑鼠僅供恩格巴特所在的實驗室使用。這個設備拖著一根長長的電腦連接線，有點像老鼠，所以他稱該設備為「mouse」（老鼠）。

②滑鼠誕生後十多年，大多數人還是不知道它的存在，直到 1983 年蘋果公司正式推出了第一款附有滑鼠的電腦，滑鼠才真正走進大眾的視野。

85. 網路到底每天能產生多少數據？

數字化已經成為構建現代社會的基礎力量，
並推動我們走向一個深度變革的時代。

那麼，在這個數字洪流的大數據時代，
每一天到底能產生多少數據量？我們可以先了解一下各種數據單位。

1 Byte = 8 Bits

1 Kilobyte (KB／千) = 1024 Bytes

1 Megabyte (MB／百萬) = 1024 KB

1 Gigabyte (GB／十億) = 1024 MB

1 Terabyte (TB／兆) = 1024 GB

1 Petabyte (PB／拍、千兆) = 1024 TB

1 Exabyte (EB／艾) = 1024 PB

1 Zettabyte (ZB／皆) = 1024 EB

1 Yottabyte (YB／佑) = 1024 ZB

無論是郵件傳送、影片上傳，還是上網搜尋，
甚至是自動駕駛汽車每天的數據收集，
網路時代每日形成的數據傳輸量多到不可思議。

根據 IDC（國際數據資訊公司）發布的《Data Age 2025》白皮書提到，
預估到了 2025 年，全球每年產生的總數據量將從 2018 年的 33ZB，增長到 175ZB。

到了2025年

全球一年可產生175ZB數據量

也就是說，2025 年預計全球每天產生的數據量將達到 491EB。
那麼，175ZB 的數據到底有多大呢？

▶ **離下載完成還需要18億年**

假如你的網絡下載速度為 25MB/ 秒，
要下載完這 175ZB 的數據，還需要 18 億年。

①英特爾公司表示，一輛聯網的自動駕駛車每運行 8 小時可產生 4TB 的數據，這主要是仰賴車上所配置的數百個感測器。

②根據統計顯示，2019 年全球每天的電子郵件數量約為 2,936 億封；而 2022 年則達到了 3,330 億封。

86. 拋硬幣是公平的做法嗎？

遇到難以決定的事，有些人會選擇用拋硬幣的方式。
因為他們認為這樣的結果很公平。

拋硬幣

他們認為錢幣在落地時，
正面或反面朝上的機率是一樣的，也就是各佔一半。

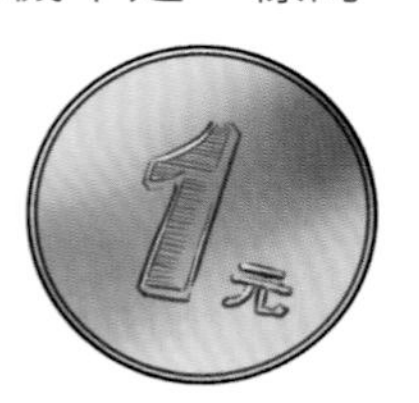

正面（數字）

反面（圖案）

這種方式雖然受到歡迎，但其實並不公平。

科學家在研究中得出結論：硬幣正反兩面的落地機率並不相同。
硬幣拋出時，朝上的那一面會比朝下那一面有更高的出現機率。

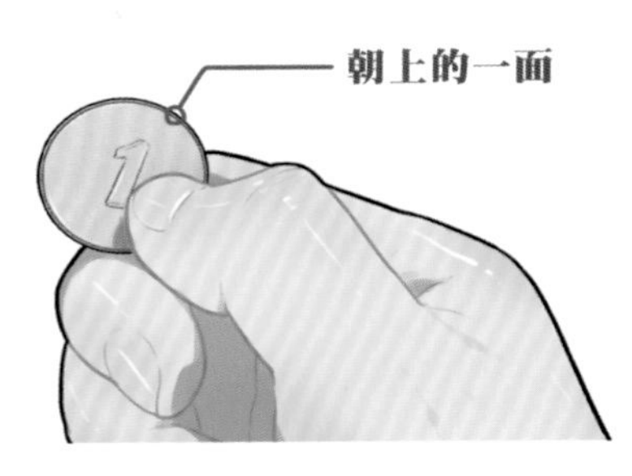

這是因為硬幣在拋出時會發生自然偏斜，
導致朝上的一面在落地時出現的機率有 51%。

也就是說，如果硬幣被拋出時是正面朝上，
那麼在 100 次落地中會有 51 次是正面朝上。
由此可見，拋硬幣並不是一個絕對公平的方法。

①如果硬幣拋出時較重的一面朝下，那麼另一面朝上的機率就會增高。

②科學家提出過一種絕對公平的拋硬幣方式，就是讓它繞著水平軸完美地旋轉。但這需要有超能力才做得到，所以無法實現。

87. 可以吸收二氧化碳的「乾水」

我們都知道水的形態有液態、固態和氣態，
那麼「乾水」又是什麼性質的水呢？

「乾水」

英國利物浦大學科學家研發出神奇的「乾水」，這種物質有點像糖粉，
它能夠使人類利用化學物質的方式發生革命性的變化。

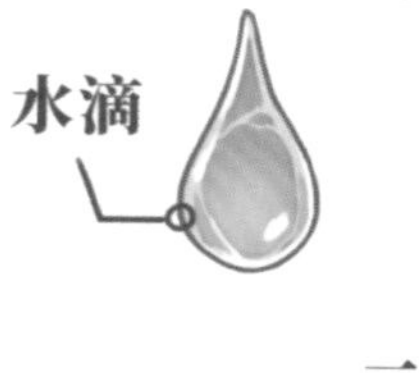

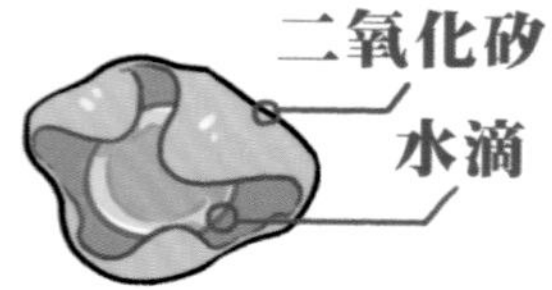

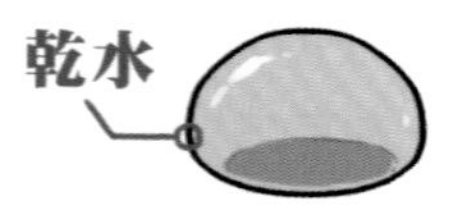

每一粒「乾水」顆粒都包含一顆水滴，
外面則包裹一層二氧化矽。

因此，所謂的「乾水」有 95% 的成分仍然是「水」。

科學家經實驗證明，在吸收二氧化碳方面，
「乾水」的效率要比普通的水高出三倍。

所以「乾水」可以用來吸收和捕捉溫室氣體二氧化碳，
減緩溫室效應，進而緩解全球暖化的問題。

①「乾水」還可以用來儲存甲烷，並能夠充分利用天然氣潛在的能量。

②研究人員認為「乾水」還能作為催化劑使用，加速氫氣和馬來酸的反應。這個反應可以生成琥珀酸，而琥珀酸又是廣泛應用於製藥、食品製造等領域的關鍵原材料。

88. 呼吸的另一種方式——液體呼吸

我們不能在水中呼吸是因為
水裡的含氧量低，
外加水的黏度和密度都比空氣大，
容易滯留在肺部無法排出。

不過，我們可以在另一種液體中呼吸，
這種液體就是氟碳化合物的有機液體。

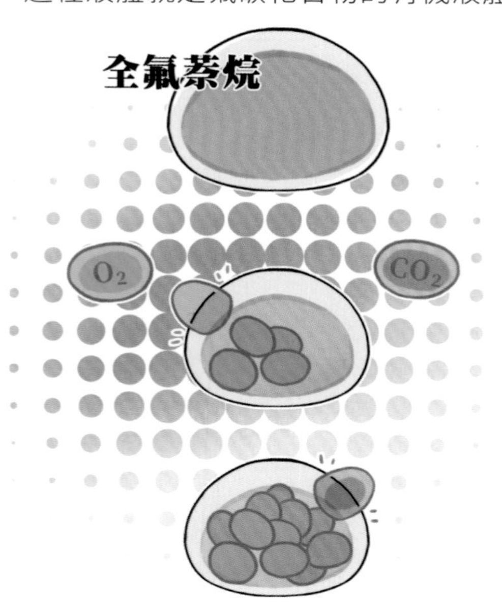

氟碳化合物的有機液體在常溫下，能大量溶解氧氣和二氧化碳，
換句話說，就是氟碳化合物液體中含有大量氧氣，
並且能處理人體排出的二氧化碳。

按照這種化合物的特性，人類可以浸泡在其中並且保持呼吸。

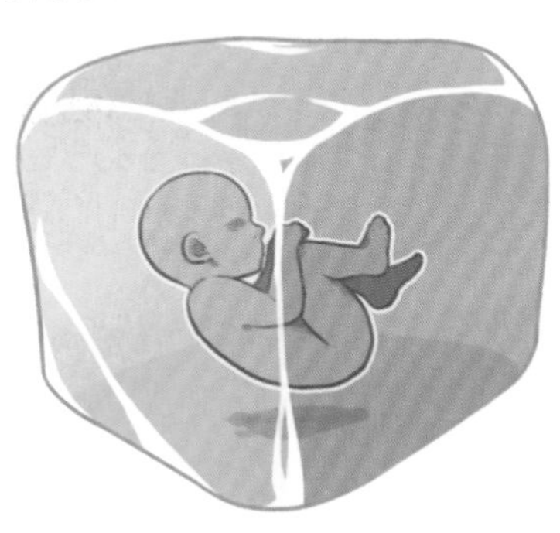

液體中的氧氣可供呼吸

事實上，這種呼吸方式被稱為液體呼吸，
可以幫助治療急性肺損傷患者或肺部發育不全的早產兒。

▶ 利用液體呼吸輔助太空旅行

液體呼吸也被提議用於深海潛水和太空旅行。
不過，液體呼吸至今仍是高度實驗性的技術，
還要經過漫長的實驗和改進才能廣泛應用。

①液體呼吸為什麼可以幫助人類進行深海潛水？這種液體進入肺部後，潛水員肺部壓力可適應周圍水壓的變化，避免深水壓力引起的肺損傷。

②氟碳化合物也是一種很好的冷卻劑。由於出色的冷卻和絕緣性能，它已經在工業領域被大量使用。

89. 未來電腦病毒可以感染人類大腦嗎？

有科學家警告，人類在研究「合成生物學」時一定要小心。

雖然我們現在能夠拼接與重組基因，
但是，人類還必須提防發展趨勢失控的可能性：
未來的駭客們也許能夠設計出控制人類大腦思維的病毒或細菌。

顯微鏡頭下

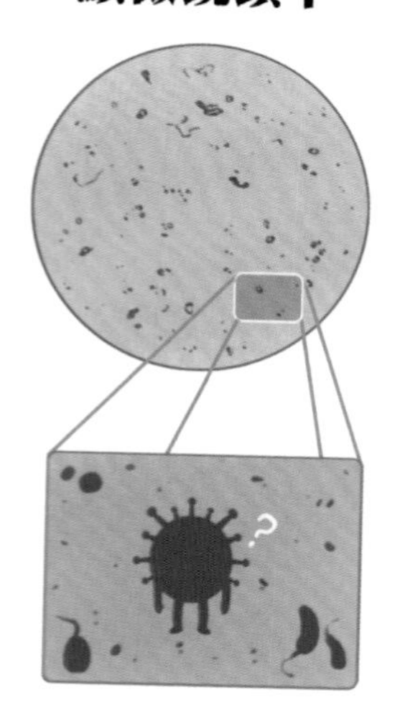

基因工程是電子科技產品的新發展。
在未來，或許細菌可以被人類改造成活體電腦，
DNA 可以作為程式語言。

這雖然能夠使人類科技長久地發展，
但是也存在許多危險。

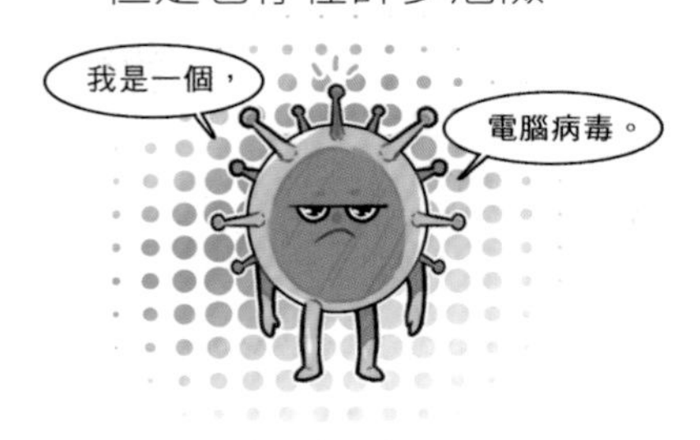

電腦駭客們可以研發新的電腦病毒，
以化學形式進入、感染人類的大腦，達到操控的目的。

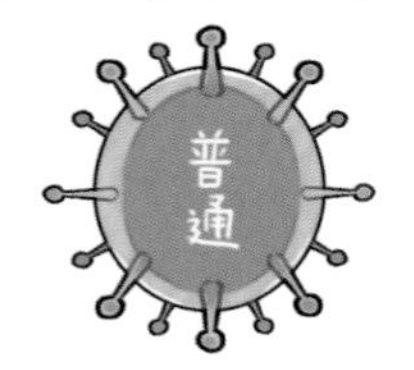

原本，我只是普通的病毒。

後來，我被駭客改造成——

①第一個被人類知道、認識的病毒是菸草鑲嵌病毒，由馬丁烏斯．貝傑林克於 1899 年發現並命名。如今已有超過 5,000 種類型的病毒得到鑑定。

②科學家發現有一種使人變笨的病毒叫綠藻病毒，它可以透過水傳播來影響人類大腦的學習和記憶區，使其降低活躍性。受到感染的人工作效率會變慢，專注力也會下降。

90. 世界上第一個「冷凍人」解凍了嗎？

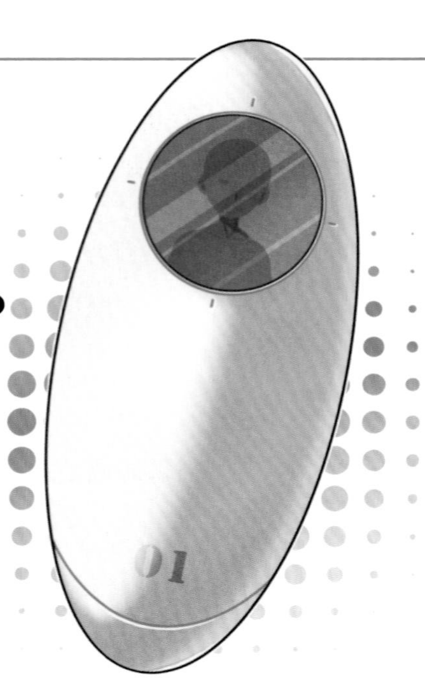

科學家一直有項研究，
想將得了不治之症的人冷凍起來，
等未來出現可以治療的藥物後，
再將病人「解凍復活」，進行治療。

1967 年，一名叫貝德福德的富翁得到癌症，約定冰凍 50 年後解凍。
但遺憾的是，貝德福德沒有等到冷凍公司準備好就過世了，
在死後幾小時內被迅速送到冷凍公司，進行冷凍操作，
最終將他放置在 -196° C 的液態氮中長眠。
這就是世界上第一個「冷凍人」。

▶ **貝德福德解凍的結果無人知曉**

按照約定，2017 年貝德福德就應該要進行解凍了。
但直到今天，貝德福德仍被保存在冷凍中心。
根據科學分析，貝德福德的大腦可能已經死亡，難有復活的一天了。

不過有一些患有不治之症的人依然選擇成為「冷凍人」。
但是進行人體冷凍和維護冷凍效果的費用非常昂貴，一般人無法負擔。

雖然現在的科學技術足以做到讓人體毫髮無傷，
但是還沒有一個「冷凍人」真正成功的從冷凍狀態復活過來。

解凍復活——

隨著科學技術的發展，
也許最初的「冷凍人」想法真的會實現。

① 20 世紀 70 年代，科學家在南極考察時發現冰凍封存了 50 多年的微生物仍然具有生命力。這說明生命是有可能被冰凍封存下來的。

② 2012 年，俄羅斯科學院從封存在西伯利亞寒冷凍土層內三萬多年的種子中，成功培育出柳葉蠅子草，而且還開花了。

91. 奈米機器人可以使人類得到永生？

想要知道人類到底可不可以永生，
首先要了解人類是如何衰老的。

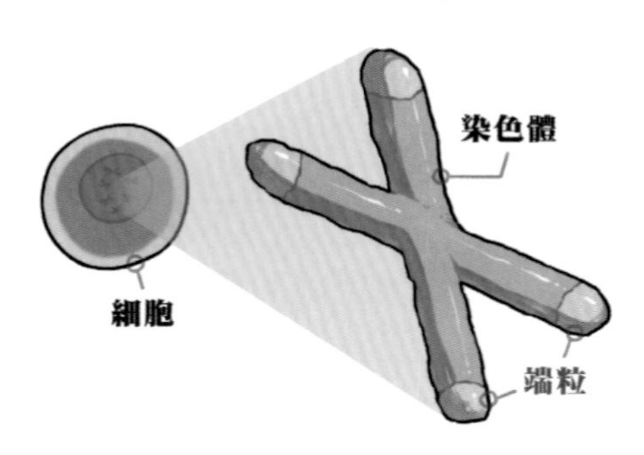

人類的壽命與染色體端粒的長度息息相關。
人體細胞每次分裂，染色體端粒的長度就會縮短一些，人也會隨之衰老。

端粒縮短即是衰老的過程

根據相關研究證實，當人類活到 72 歲時，
染色體端粒的長度至少還剩三分之二，這說明人類細胞的壽命還有很長。
因此，科學家推測：如果染色體端粒沒有受損縮短，
人類的壽命應該可以長達 300 歲。

科學家提出可以利用血液奈米機器人清理人類體內新陳代謝所產生的「垃圾」，進而延長人類的壽命。

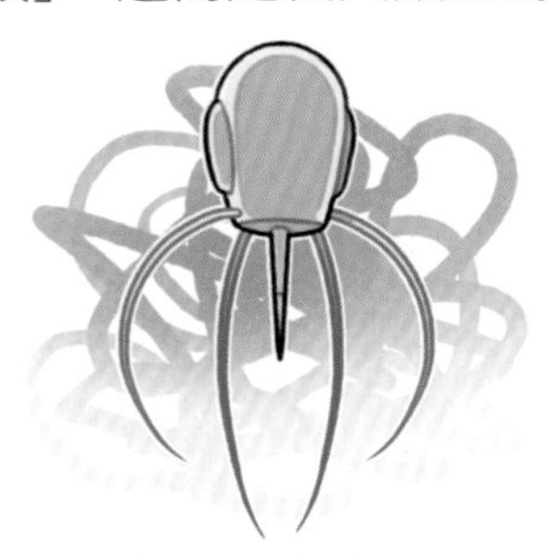

奈米機器人

血液中的奈米機器人可以充當免疫系統，
摧毀病原體，清除雜質、血栓和腫瘤，
甚至糾正基因錯誤，逆轉衰老過程。

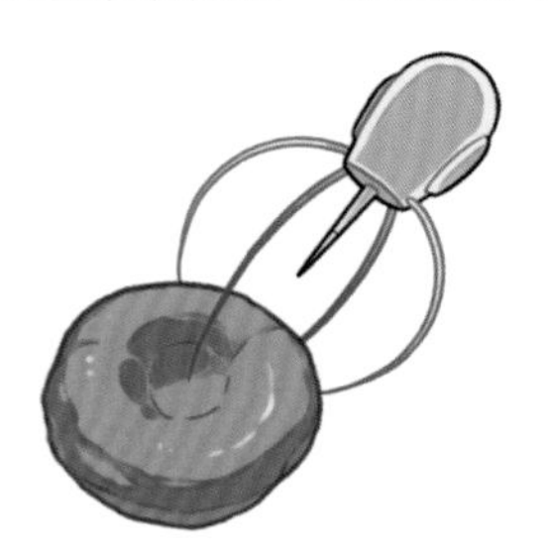

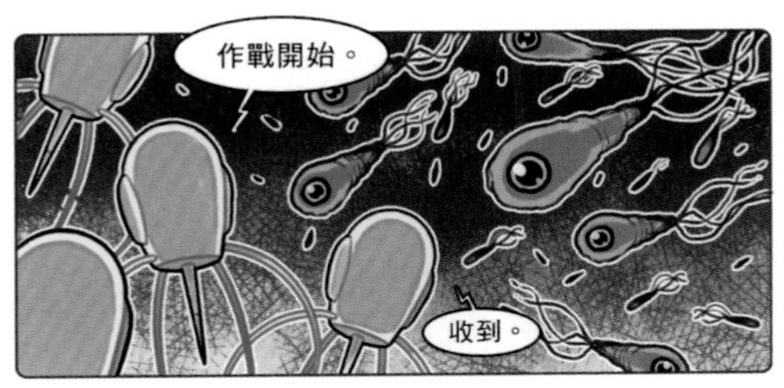

▶ 奈米機器人可充當人體的免疫系統

沒有衰老的人類，也就能夠接近「永生」。

①從兩千年前至今，人類的平均壽命從 28 歲提升到 72 歲，伴隨著現代醫療技術的不斷進步以及飲食水準的提高，人類的壽命也在不斷地延長。

②奈米機器人也可用於腦部手術。由於大腦內毛細血管的情況非常複雜，奈米機器人進行的奈米級操作，可以降低手術風險。

92. 太空人在太空站為什麼不能用鉛筆？

太空人在太空中無法用鋼筆和原子筆寫字，
因為太空失重，鋼筆的墨水和原子筆的油墨都會無法順利出墨。

普通鉛筆也不能在太空使用。
雖然鉛筆沒有無重力就沒辦法書寫的問題，
但鉛筆筆芯容易折斷並且引發潛在的危險。

斷掉的筆芯可能會飄進太空人的鼻子或眼睛中，
加上筆芯裡的石墨會導電，一旦飄進電子設備中還可能引起短路。

為解決在太空寫字的問題，
科學家研發出一款供太空人使用的太空筆，
並在「阿波羅計畫」中投入使用。

太空筆的基本原理是：筆芯密封，內有氮氣，
靠氣體壓力代替地球的重力把油墨推向筆尖。

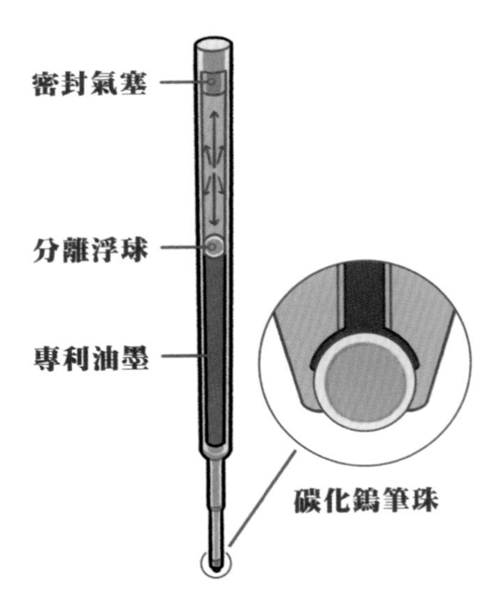

太空筆的筆芯不會漏油墨，油墨不會揮發也不會褪色，
在水裡和太空的失重環境下都能被正常使用。

①太空筆性能卓越，因此除了用於太空，也可用於登山、潛水、極地考察探險等活動。

②太空筆使用的是專利油墨，叫觸變性墨水半固體。

93. 在太空站有無線網路嗎？

2021 年 6 月 17 日，
長征二號 F 運載火箭在酒泉衛星發射中心點火升空，
將 3 名太空人乘坐的神舟十二號太空船順利送上太空。

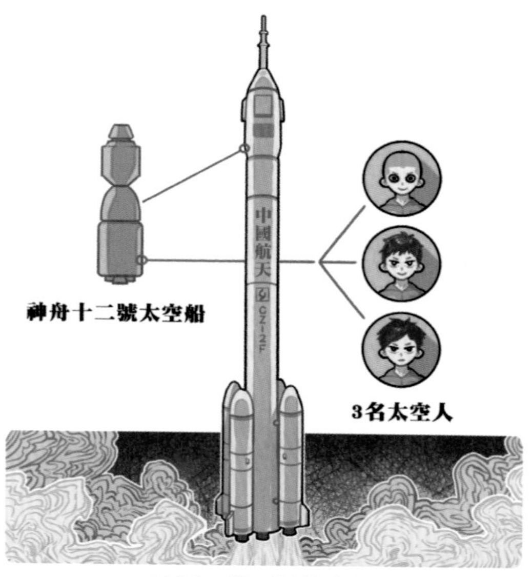

長征二號F運載火箭

隨後，神舟十二號太空船與火箭成功分離，
進入預定軌道，順利將 3 名太空人送上太空。
3 名太空人成為天宮太空站上天和核心艙的首批「入住人員」，
並駐留了 3 個月。

在太空中生活 3 個月，是不是沒有 Wi-Fi（無線網路），
變成與世隔絕了呢？事實上，天宮太空站有無線網路喔！

這次 3 名太空人都分別配備了一部智慧型手機和平板電腦，
他們可以正常地接打電話、進行視訊通話等。

不僅有Wi-Fi，

傳輸速率還很快！

天宮太空站上的無線網速與地面上的沒有區別，
這是中國太空站的一項首創。

▶ **太空人可隨時在太空站進行直播**

此外，太空人還可以透過手機裡的應用軟體控制太空站內的燈光，
或者掃描 QR Code 獲取核心艙內包裹物品和實驗設備的資訊。

①天宮太空站包括了天和核心艙、夢天實驗艙、問天實驗艙、太空船（即已經命名的「神舟」飛船）和貨運飛船（天舟一號和天舟二號）。

②「樹堅強」是生長在酒泉衛星發射中心發射塔旁的一棵榆樹，每一次神舟飛船發射，它都要經歷火箭尾焰高溫的炙烤。即便如此，隔年它依然會長出新芽。

94. 為什麼要幫太空人準備蘋果？

主要是因為蘋果的營養豐富並且可以長時間保存，
而且蘋果的水分較少，方便太空人在失重環境下進食。
那麼，太空人吃剩下的蘋果核又該怎麼處理呢？

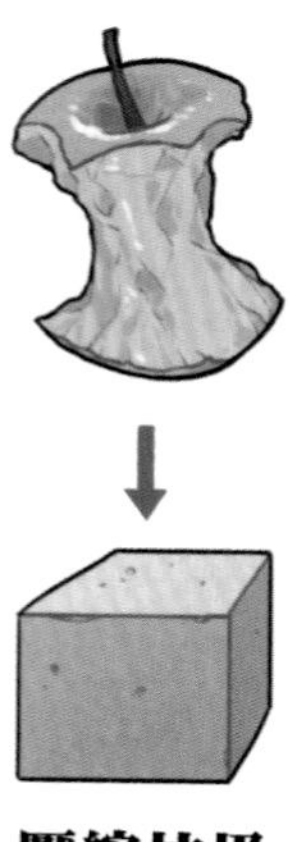

壓縮垃圾

吃剩的蘋果核會跟其他垃圾裝在垃圾袋內，抽出氣體、壓縮體積後，
放在貨運飛船裡，最後隨著飛船進入大氣層時被燒毀。

其實這次太空人帶上太空的食品已經多達 120 種，
包括主食、副食，還有調味料。

其中有我們熟悉的魚香肉絲、宮保雞丁、烤牛肉、炒米粉等。

而且天宮太空站配備了太空廚房，裡面還有微波爐，
因此太空人隨時都可以吃到香噴噴、熱騰騰的飯菜！

①隨著神舟十二號一起飛上太空的蘋果來自陝西。經過 180 多天的籌備和努力，中國首次將幾十個新鮮蘋果送入太空，打破了太空人在太空中只能吃果乾的侷限。

②太空人在天宮太空站也能享受獨立的睡眠區，確保睡覺時互不干擾。獨立的睡眠區能讓太空人更放鬆，享受高質量的睡眠，確保他們能精神飽滿地進行太空工作和生活。

95. 為什麼天文台要設在山上？

天文台的主要工作是用天文望遠鏡觀測星星。
有趣的是，世界各國的天文台大多設在山上。

山上的天文台

難道是因為山上離星星更近一點嗎？當然不是。

月球離地球也有384,000公里

星星距離我們非常遙遠，即使是離地球最近的月亮也在 38 萬公里之外，
一般的恆星距離地球更是動輒幾十萬億公里的距離。

只有幾公里高的山頂，
比起星星與地球的距離，顯得實在微不足道。

包圍著地球的大氣層裡有許多物質，例如煙霧、塵埃；
水蒸氣的波動，還有大城市夜晚璀璨的燈火照亮空氣中的微粒，
這些都會干擾天文望遠鏡捕捉星光。

▶ 天文台設在山上是因為空氣污染較少

而地勢越高的地方，空氣越稀薄，能干擾天文觀測的因素就越少。
這就是天文台大多設在山上的真正原因。

①世界公認三個最佳的天文台都設在高山之巔，分別在：夏威夷海拔 4,206 公尺的茂納凱亞火山，智利海拔 2,500 公尺的安第斯山上，以及大西洋加那利群島 2,426 公尺高的山頂。

②天文台的觀測室建造成圓頂，裝置了由電腦控制的旋轉系統，使圓形屋頂可以旋轉，讓天文望遠鏡可以自由旋轉，調整觀察角度。

96. 太陽系中含有最多水的衛星——木衛三

木星有 95 顆衛星（截至 2023 年發現），是太陽系中擁有最多衛星的行星。其中最大的一顆衛星比水星的體積還要大，它就是木衛三。

木衛三

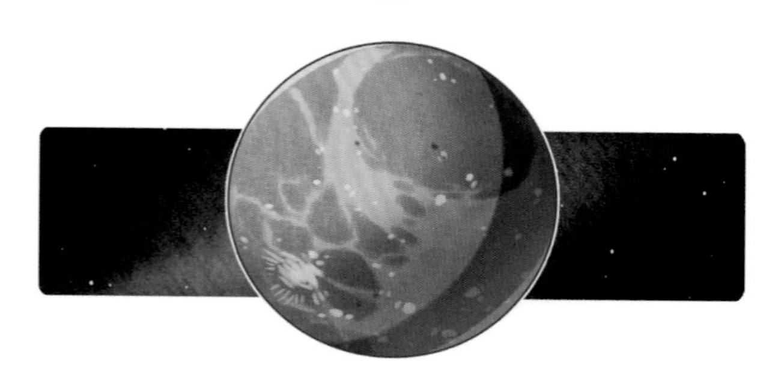

木衛三又稱「蓋尼米德」，它不但是木星最大的衛星，也是人類目前在太陽系中觀察到的最大的衛星。木衛三的直徑大於水星，但質量約為水星的一半。

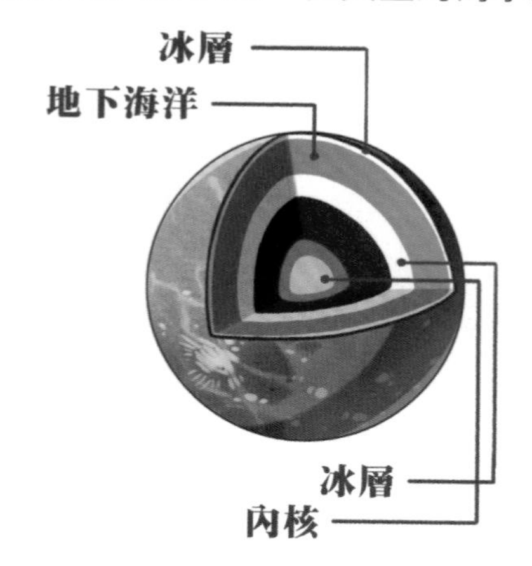

木衛三主要由矽酸鹽岩石和冰體構成，星體分層明顯，擁有一個富含鐵、流動性的內核。

科學家推測：在木衛三地面下約 200 公里深處存在一個被夾在兩層冰體之間的鹹水海洋。而有的科學家認為這樣的海洋可能存在三個，蘊含著總量超過 150 億立方公里的巨大冰體。

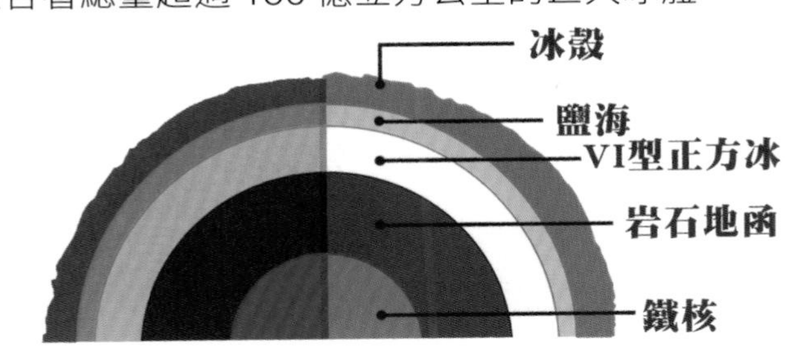

根據探測，木衛三是太陽系中含有最多液態水的天體，其含水量至少是地球的 30 倍。

人造探測器

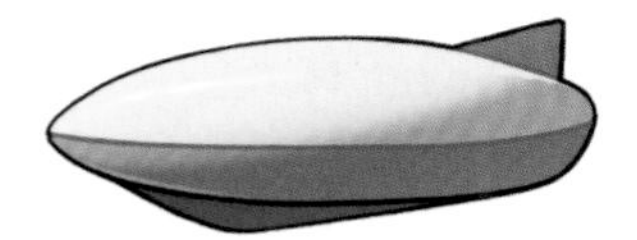

目標：深入探索木衛三的海洋

▶ **或許木衛三的海洋裡早已誕生智慧生命**

假如有一天，人類科技發展到可以探索木衛三表面之下的海洋，會不會發現生命的痕跡呢？

①木衛三是太陽系中已知的唯一一顆擁有磁圈的衛星，其磁圈可能是由富鐵的流動內核的對流運動所產生的。

② 2021 年 7 月 26 日，美國 NASA 宣布，天文學家首次在木衛三上探測到水蒸氣。
注：水蒸氣是水的氣態。

97. 海王星身邊的逆行者──海衛一

海衛一是海王星最大的天然衛星，也是人類最早觀測到的海王星衛星。

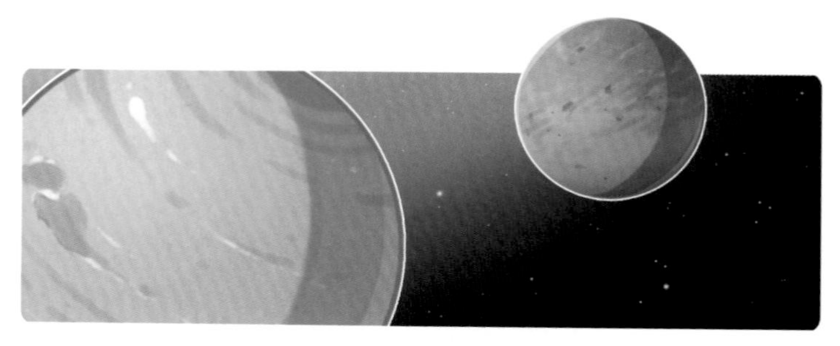

海王星及其最大的衛星──海衛一

在太陽系的所有大型衛星中，
海衛一是特立獨行的那個，
因為它繞著海王星逆行（與海王星自轉的方向相反）。

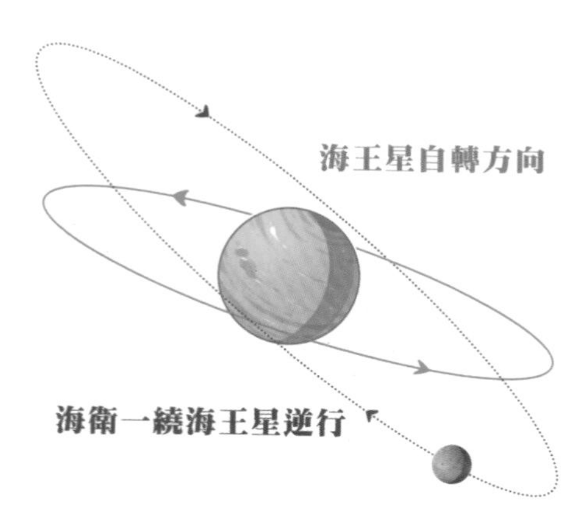

海衛一的自轉受潮汐作用的影響，位於圍繞海王星的同步軌道上，
始終保持一個面朝向海王星。

逆行軌道上的衛星，並非出自環繞其母行星的星盤，
也就是說，海衛一是海王星從其他地方捕獲得來的。

▶ **海王星成功捕獲衛星一顆**

海衛一也擁有地下海洋，
它和木衛三都是科學家猜測有外星生命存在的天體。

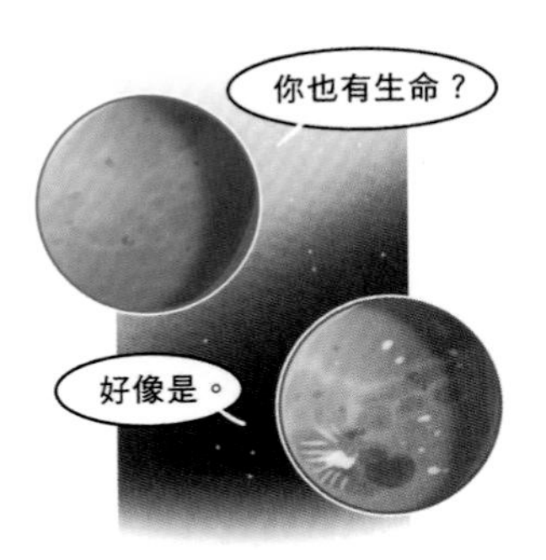

①旅行者 2 號探測器在 1989 年觀察到海衛一上發生了極少量的間歇泉狀的氮氣噴發，並且夾帶著海衛一表面之下的塵埃，而這些煙塵高達 8 公里。

②海衛一的每次「間歇泉噴發」可持續長達一年。在此期間，約 1 億立方公尺的氮冰會因昇華而噴發。

98. 彗星為什麼有「尾巴」？

慧星進入太陽系後，其亮度和形狀會隨著與太陽距離的變化而呈現不同狀態，且繞著太陽運行。
外貌呈雲霧狀，非常獨特，由彗核、彗髮和彗尾組成。

彗星的質量和密度都很小。
當遠離恆星時，它只是一個由水、氨、甲烷等凍結的冰塊以及許多固體塵埃粒子組成的「髒雪球」。

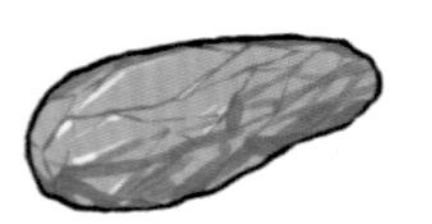

彗星本體

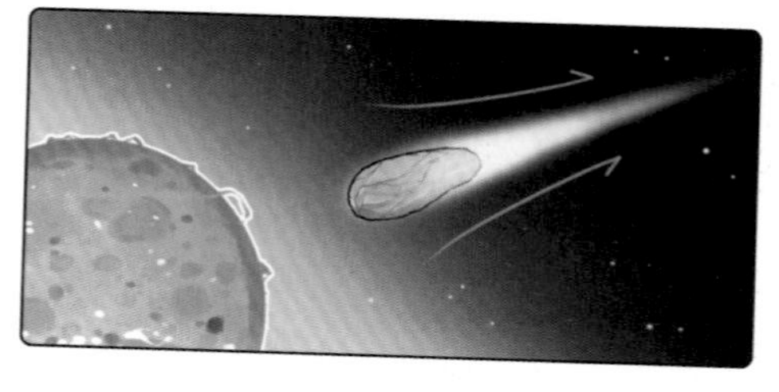

當彗星接近太陽時，冰凍的物質會開始昇華，
在冰核周圍形成朦朧的彗髮和一條由稀薄物質流構成的彗尾，
也就是我們看到的「尾巴」。

彗星的「尾巴」很長，一般可以達到幾千萬公里，
最長可達幾億公里！比慧核本身要大許多。

而且，彗星的「尾巴」不侷限於一條，
有些彗星就擁有兩條「尾巴」，例如海爾 - 博普彗星。

氣體和塵埃會形成兩條指向不同的彗尾，
塵埃形成彎曲的尾巴出現在彗星軌道後方，
同時會產生一條氣體離子尾，它總是指著背向太陽的方向，
因為它們更容易受太陽風的影響。

①陽光會被彗尾物質反射成黃色或者紅色，這些物質也會形成另一種彗尾，並且這些塵埃形成的彗尾很容易分裂成幾條。

②彗星雖然美麗，但壽命並不長久。每當彗星經過太陽附近的時候，彗核中的冰物質會因太陽的光與熱而導致蒸發，形成彗髮與彗尾。

99. 能用水澆滅太陽嗎？

太陽就像一個大火球，如果有一個足夠大的噴水裝置，
你覺得能用水澆滅太陽嗎？

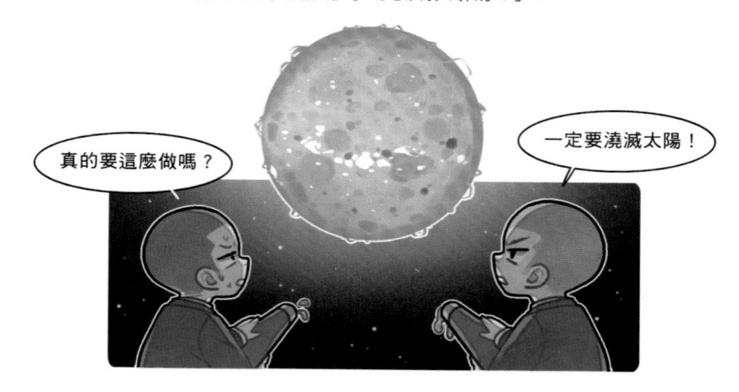

太陽雖然是個大火球，但並不是我們生活中說的那種火球。

燃燒的本質：

可燃物溫度達到燃點

持續與氧氣接觸

在地球上，燃燒的本質就是可燃物與氧氣進行反應而產生新物質的過程。
用水或沙子等都可以阻隔氧氣，使燃燒停止。

但是太陽的發光發熱並不是靠燃燒產生的，
而是來自將氫融合為氦時的核融合反應。
儘管也稱為燃燒，但並非在氧氣中燃燒，
而是類似於氫彈爆炸的原理。

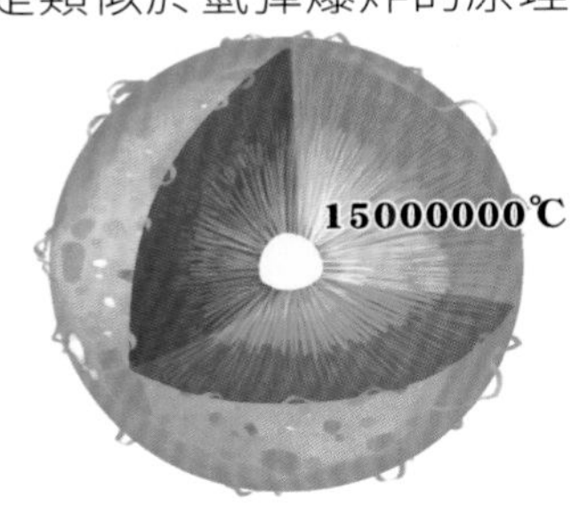

隨時進行熱核反應的太陽核心

太陽核心是太陽發射巨大能量的真正源頭，也稱為核融合反應區。
太陽核心處溫度高達 15,000,000°C，壓力相當於 3,000 億個大氣壓，
隨時都在進行著熱核反應。

▶ 用水澆滅是不可能的啦！

所以，水還沒有觸碰到太陽，就已經瞬間蒸發了，
就算是極大量的水，也沒辦法將太陽澆滅。

①根據研究數據顯示，太陽所輻射的能量，只有二十二億分之一會到達地球。

②平常我們看到的火焰是熟悉的眼淚形狀，這是地球的重力所造成的，原理就是熱空氣上升導致冷空氣匯集過來，即形成火焰呈現上揚的狀態。

100. 恆星是如何坍縮成黑洞的？

當恆星逐漸衰老，
走向衰亡的時候，
代表它的熱核反應已經耗盡了核心的燃料，
無法產生足夠能量了。

一旦恆星進入衰亡的狀態，
就再也沒有足夠的力量來支撐外殼巨大的重量。

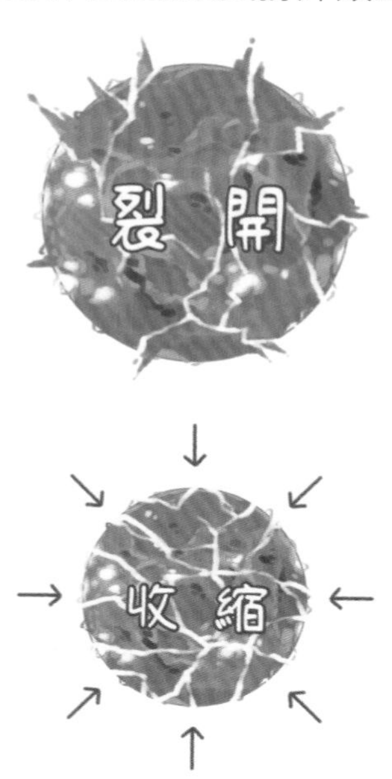

因此在外殼重壓的作用之下，恆星會往內部拼命擠壓收縮，
核心在自身壓力的作用下就會開始坍縮。

物質將不可阻擋地向著中心點進軍，
直到最後體積接近無限小，密度接近無限大。

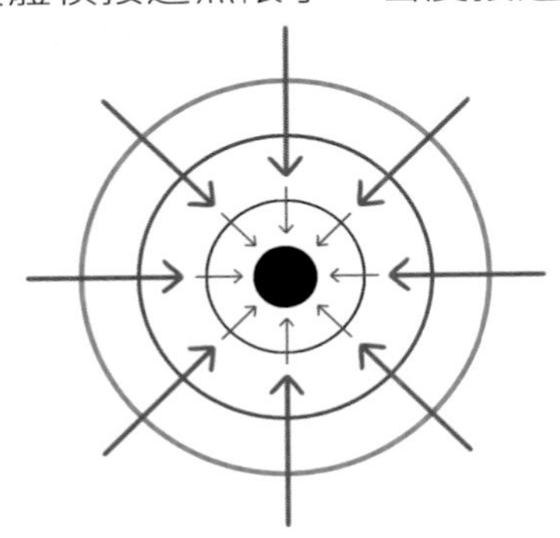

當原本超大質量的恆星的半徑收縮到一定程度的時候，
會產生非常大的引力。

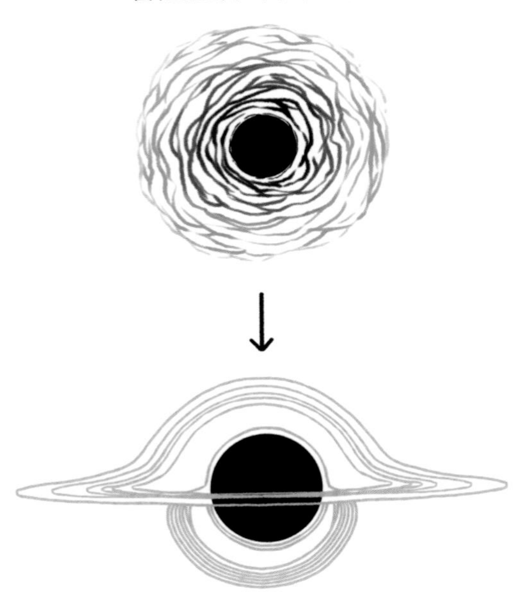

這些引力導致時空扭曲，即使光也無法向外逃出，
經過的光或物體也會被「吸收」，恆星就成為了一個「黑洞」。

①黑洞其實不是黑的，只是它無法被直接觀測到而已，但是我們可以藉由間接方式得知其存在與質量，並且觀測到它對其他事物的影響。

②從目前的觀測來看，宇宙中約有14% 的大質量恆星註定會成為黑洞。

小劇場 09
噬菌體侵染細菌的過程

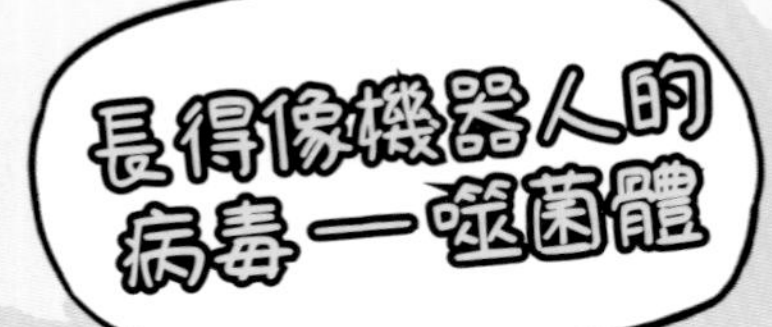

噬菌體是一種病毒，特別之處在於專門寄生細菌。

比較出名的噬菌體是以大腸桿菌為宿主的T2噬菌體。

光看它的外表，容易誤以為這是被人類製造出來的精密機器人。

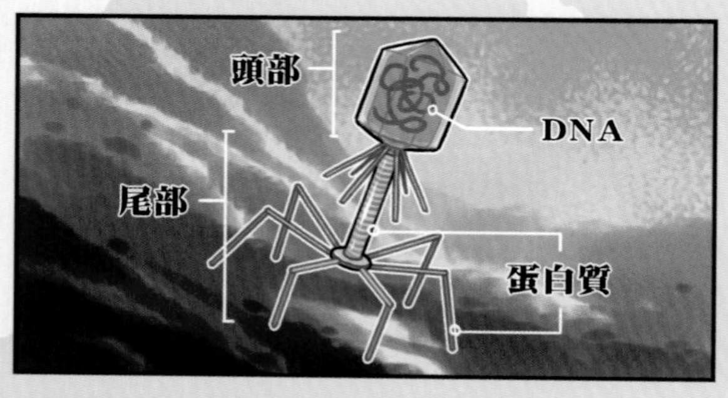

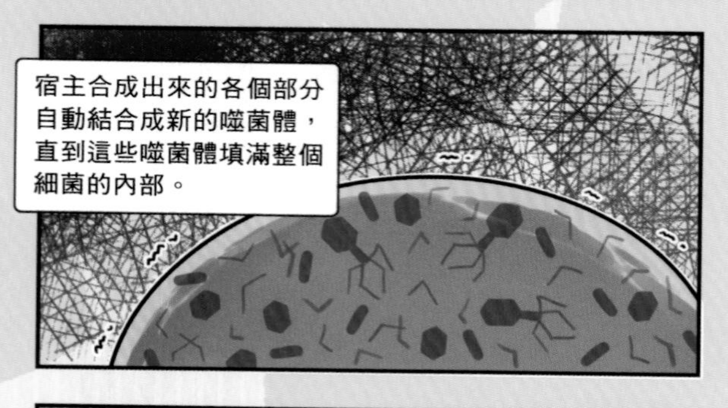

小劇場 10
地球的宇宙地址

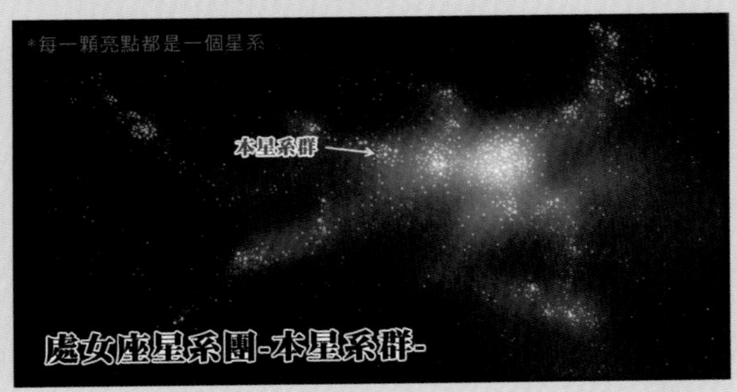

可能多數人不知道，太陽會自轉。

天文學家透過觀測太陽黑子運動證實太陽的自轉現象。不僅如此，天文學家還發現太陽自轉和其他天體有很大的差別。

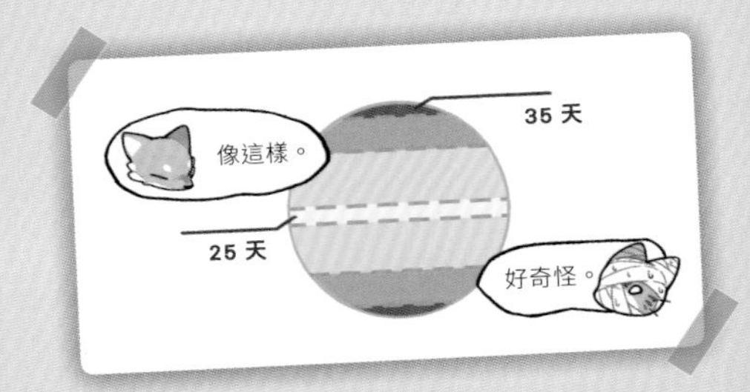

太陽在不同的緯度上，自轉角速度也不同。在赤道區的自轉角速度最快，約 25 天；緯度越高，自轉角速度就越慢，例如在極區自轉一週約 35 天。這種自轉方式被稱為「差異自轉」。

再見！

漫畫科普冷知識王 5：世界其實很簡單，生活原來那麼好玩！

作　　者：鋤　見
企劃編輯：王建賀
文字編輯：江雅鈴
設計裝幀：張寶莉
發 行 人：廖文良

發 行 所：碁峰資訊股份有限公司
地　　址：台北市南港區三重路 66 號 7 樓之 6
電　　話：(02)2788-2408
傳　　真：(02)8192-4433
網　　站：www.gotop.com.tw
書　　號：ACV046700
版　　次：2024 年 10 月初版
建議售價：NT$350

國家圖書館出版品預行編目資料

漫畫科普冷知識王 5：世界其實很簡單，生活原來那麼好玩！/ 鋤見原著. -- 初版. -- 臺北市：碁峰資訊, 2024.10
面；　公分
ISBN 978-626-324-777-2(平裝)
1.CST：科學　2.CST：通俗作品
300　　113002884